« Carbone et Prospective »

MINES
ParisTech

60, boulevard Saint-Michel - 75272 Paris Cedex 06 - France
email : presses@ensmp.fr
http://www.ensmp.fr/Presses

Photo de couverture : Sandrine Selosse

ISBN : 978-2-911256-11-0
Dépôt légal : 2009
Achevé d'imprimer en 2009 (Paris)

Inauguration de la Chaire Modélisation prospective
au service du développement durable

ACTES DU COLLOQUE
MINES ParisTech, Sophia Antipolis
16 décembre 2008

« Carbone et Prospective »

Colloque international organisé conjointement par
la Chaire Modélisation prospective et l'ETSAP

Sous la direction de

Nadia MAÏZI
Directrice du Centre de Mathématiques Appliquées (CMA)
MINES ParisTech

Jean-Charles HOURCADE
Directeur du Centre International de Recherche sur l'Environnement
et le Développement (CIRED)
Ecole des Ponts ParisTech / AgroParisTech

et la coordination de

Sandrine SELOSSE
Centre de Mathématiques appliquées (CMA)
MINES ParisTech

AVANT-PROPOS

Une Chaire pour l'essor de la modélisation prospective

Répondant aux contraintes énergétiques, environnementales et économiques auxquelles les industriels et les décideurs publics sont confrontés dans leurs choix stratégiques, la Chaire Modélisation prospective au service du développement durable (MPDD) est portée par les écoles MINES ParisTech, École des Ponts ParisTech et AgroParisTech, par le PRES[1] ParisTech, par la Fondation de l'École des Ponts et la Fondation des Industries Minérales, Minières et Métallurgiques (FI3M), en partenariat avec l'ADEME, EDF, RENAULT, SCHNEIDER ELECTRIC et TOTAL.

Grandes Écoles, industriels et acteurs institutionnels unissent leurs efforts autour d'une ambition commune : pérenniser des outils de modélisation sur les enjeux du développement durable.

Le dispositif scientifique et l'expertise de la Chaire Modélisation prospective reposent sur les expériences communes et complémentaires de ses deux équipes de recherche co-fondatrices dans le domaine de la prospective long terme des questions liées à l'énergie, à l'économie et à l'environnement.

Le Centre de Mathématiques Appliquées (CMA - MINES ParisTech) développe des exercices de prospective long terme sur les questions liées à l'énergie à partir de la famille MARKAL/TIMES de modèles d'optimisation technico-économiques.
En s'appuyant sur ses compétences en matière de modélisation, d'optimisation et de recherche opérationnelle, autour des mathématiques du contrôle et de la décision, l'équipe du CMA a développé un modèle permettant d'évaluer pour la

[1] Pôle de recherche et d'enseignement supérieur.

France, les émissions de dioxyde de carbone (CO_2) du système énergétique à l'horizon 2050.
Le CMA est membre de l'ETSAP (Energy Technology System Analysis Programme), consortium international de l'AIE (Agence Internationale de l'Énergie) chargé du développement de ces modèles.

Le Centre International de Recherche sur l'Environnement et le Développement Durable (CIRED - laboratoire commun École des Ponts ParisTech / AgroParisTech / CNRS / EHESS) développe des modèles explorant les liens entre l'économie, l'énergie et l'environnement, en particulier au travers des modèles IMACLIM.

En associant les compétences des deux équipes porteuses du projet, la Chaire MPDD constitue un centre renommé de modélisation prospective au service des enjeux du développement durable. Elle articule ses activités autour de quatre axes :

- Une plateforme pérenne de modélisation prospective d'aide à la décision sur les questions de politiques énergie et climat, de développement industriel et de choix technologiques. La plateforme de modélisation prospective de la Chaire MPDD repose sur une harmonisation des deux modèles, MARKAL/TIMES et IMACLIM, afin de mieux appréhender la boucle énergie-climat ;

- Des opérations de recherche spécifiques initiées en collaboration avec ses partenaires industriels et institutionnels. Ces opérations portent par exemple sur le transport, les infrastructures, les engagements européens pour 2020, la question eau-énergie ;

- Une animation scientifique régulière pour le transfert des connaissances et un rayonnement académique international *via* l'invitation de professeurs et chercheurs étrangers, l'organisation de colloques internationaux et une présence renforcée au sein des instances d'expertise internationales ;

- Des formations de haut niveau pour constituer un réseau de compétences grâce au financement de thèses, à l'animation de séminaires de formation ciblant les besoins des partenaires.

Un colloque inaugural au cœur des stratégies énergie - climat

Le lancement de la Chaire Modélisation prospective au service du développement durable a eu lieu à MINES ParisTech à Sophia Antipolis le 16 décembre 2008. Une centaine de scientifiques, d'industriels et d'institutionnels, des scènes nationale et internationale, étaient réunis pour assister au colloque inaugural de la Chaire MPDD organisé conjointement avec l'ETSAP/AIE.

Les responsables et partenaires de la Chaire Modélisation prospective ont exprimé les enjeux de ce projet d'envergure, ainsi que leurs attentes autour de tables-rondes. Monsieur le Sénateur Laffitte est intervenu pour clore l'inauguration. Tous ont souligné la convergence des préoccupations scientifiques, économiques et sociétales, ainsi que l'intérêt d'une fertilisation croisée des savoirs et des compétences des acteurs de la Chaire Modélisation prospective pour faciliter la prise de décisions et évaluer les conséquences des politiques liées à l'énergie et au changement climatique.

Alors que la première partie de cet ouvrage retranscrit la teneur de ces discussions, la seconde partie présente les interventions scientifiques du colloque « Carbone et Prospective ». Il s'agit du premier colloque organisé à l'initiative de la Chaire Modélisation prospective. Ce thème a été choisi afin d'apporter des éléments de réflexion ciblés sur les préoccupations en matière d'émissions de gaz à effet de serre. Les intervenants, issus de la communauté scientifique internationale, ont ainsi exposé leur approche prospective de l'évolution des systèmes énergétiques et de la politique de réduction de CO_2. Différents scénarios de stratégie carbone ont été présentés et discutés afin de mieux appréhender la double contrainte énergétique et climatique.

SOMMAIRE

Cet ouvrage est scindé en deux parties, l'une francophone, l'autre anglophone, retraçant les interventions de l'ensemble des orateurs suivant une chronologie rappelée ici :

LANCEMENT OFFICIEL DE LA CHAIRE MODELISATION PROSPECTIVE AU SERVICE DU DEVELOPPEMENT DURABLE

INTRODUCTION PAR LES RESPONSABLES DE LA CHAIRE

Nadia MAÏZI, Directrice du Centre de Mathématiques Appliquées (CMA), MINES ParisTech

Jean-Charles HOURCADE, Directeur du Centre International de Recherche sur l'Environnement et le Développement (CIRED), École des Ponts ParisTech, AgroParisTech, CNRS, EHESS

TABLE RONDE DES PARTENAIRES INDUSTRIELS ET INSTITUTIONNELS

Modérateur: **Michel COLOMBIER**, Directeur scientifique à l'IDDRI

Jean-Marie BOUCHEREAU, Chef de service adjoint Observation, économie et évaluation de l'ADEME

Frédéric VAILLANT, Directeur Innovation technologique de SCHNEIDER ELECTRIC

Jean-Yves CANEILL, Chef de projets, Direction du développement durable d'EDF

Jean-François MINSTER, Directeur scientifique de TOTAL

TABLE RONDE DES PARTENAIRES ACADEMIQUES

Laurence FRACHON, Directrice du développement à l'Ecole des Ponts ParisTech et représentant le Directeur de l'Ecole des Ponts ParisTech

Benoît LEGAIT, Directeur de MINES ParisTech

Renaud CRASSOUS-DOERFLER, Chercheur au CIRED et représentant AgroParisTech

Jacques LEVY, Président de la FI3M

CONCLUSION

Monsieur Pierre LAFFITTE, Sénateur honoraire, Président de la Fondation Sophia Antipolis

INTERNATIONAL WORKSHOP "CARBON AND PROSPECTIVE"

Introduction

GianCarlo TOSATO (Chairman)

Operating Agent and Project Head of IEA/ETSAP

Energy policy scenarios for 2050

Jean-Eudes MONCOMBLE

General Secretary of the French Energy Council (CFE)

The shadow price of carbon

Thierry CHAMBOLLE

Advisor for the Center for Strategic Analysis (CAS)

Mitigation targets and carbon values: insights from TIMES_FR

Edi ASSOUMOU

Researcher at the Center of Applied Mathematics (CMA), MINES ParisTech

Climate protection and infrastructures

Olivier SASSI

Researcher at the International Center of Research on Environment and Sustainable Development (CIRED), Ecole des Ponts ParisTech

China's energy and carbon options

Chen WENYING

Professor at Tsinghua University, China

EU 20-20 policy implications on the energy system of Germany – an analysis with TIMES PanEU

Markus BLESL

Doctor-Engineer at Stuttgart University, Germany

Ceremonie de lancement de la

Chaire Modelisation prospective

au service du developpement durable

INTRODUCTION PAR LES RESPONSABLES DE LA CHAIRE

LES ORIGINES DE LA MODELISATION PROSPECTIVE

Nadia MAIZI

Directrice du Centre de Mathématiques Appliquées (CMA)

MINES ParisTech

Afin de restituer le contexte de la modélisation prospective et pour introduire le cœur de programme de la Chaire que nous inaugurons aujourd'hui, je voudrais revenir sur les origines de la modélisation prospective en remontant à la fin des années 1970 et au Club de Rome. Aujourd'hui, on retient essentiellement des travaux du Club de Rome son rapport final, qui revient sur les bienfaits d'une croissance démesurée telle que celle engendrée par l'effort de reconstruction qui a suivi la Seconde guerre mondiale. Pour autant, ce n'est pas sur la polémique qui suivit la publication des conclusions de ce rapport que je souhaite me concentrer, mais plutôt sur les fondateurs de ce Club de Rome, leurs objectifs et l'objet de leur questionnement. Tout d'abord, à l'origine, ce club a été fondé par Aurelio PECCEI, un industriel italien qui a fait sa carrière chez FIAT. Il a notamment déployé pour la firme, dans les pays en voie de développement, le modèle occidental de production et de consommation automobile. C'est vraisemblablement de cette expérience qu'il a acquis un questionnement par rapport à la vision « angélique » du progrès, à l'époque dominante, autour des deux points suivants :

- Le progrès est il réellement vecteur de bien-être ?
- Le progrès est il vraiment positif pour l'environnement ?

En 1968, il crée un groupe de réflexion dans la banlieue de Rome en s'entourant de scientifiques et d'experts de l'OCDE, spécialistes de la prévision technologique, la cybernétique, la dynamique des systèmes et le management des sciences. Les enjeux qu'ils cherchent à interroger concernent les questions qui sont en train d'émerger et qu'à l'époque, il est assez innovant de désigner par « problématique mondiale » : cette expression suggère que les mutations technologiques soient désormais appréhendées à l'échelle globale, dans la mesure où elles entraîneront des interactions avec des domaines assez variés allant : de l'écologie à l'éducation en passant par la pauvreté et les institutions politiques. Le groupe de Rome a l'ambition de déployer une méthodologie dédiée à la compréhension de ces grands problèmes qui constituent des enjeux planétaires. Cette méthodologie dédiée se concrétisera en un modèle qui ne traduira pour finir que les compétences et culture propres à ses concepteurs en s'appuyant sur le prolongement des méthodologies systémiques. Ainsi, Jay FORRESTER et Denis MEADOWS, à l'origine de ce modèle « WORLD » ont exploité leurs compétences en automatique et en dynamique des systèmes. Jay FORRESTER avait participé pour les Etats-Unis dans le domaine militaire à la conception d'un système de détection automatique de missiles, visant à prévenir le territoire de toute menace émanant du bloc soviétique. Denis MEADOWS disposait d'une expérience de l'application des méthodes d'analyse et de représentation issues de la dynamique des systèmes au management des sciences, notamment pour traiter de l'évolution des comportements, des hommes, etc.

Inspirée du croisement de ces approches, la modélisation WORLD née dans les années 1970, constitue alors une première tentative de modélisation mathématique des effets de la croissance sur le long terme au niveau mondial. Ce modèle est un modèle de *feedback* classique, dont la dynamique est décrite par l'évolution de cinq variables d'état :

- Pollution ;
- Qualité de la vie ;
- Ressources naturelles ;
- Population ;
- Investissement en capital.

De plus, FORRESTER considère que l'évolution de l'ensemble de ces variables ne s'opère pas en boucle ouverte. Il retient l'hypothèse que comme dans le cas de systèmes technologiques, les états décrits par ce modèle dynamique subissent les interactions de leur environnement à travers des interconnexions, ce qui est figuré dans le modèle par un ensemble de *feedbacks*. Ainsi, par exemple, la hausse du niveau de pollution aura une rétroaction sur le taux de mortalité qui lui-même aura un impact sur la population. Globalement la structure du modèle est assez intelligible et les variables sont gouvernées par des équations différentielles. Il est possible d'étudier la sensibilité par rapport aux lois de comportements associées à ces variables. Ce qui fait beaucoup de bruit à l'époque, ce sont les résultats qui émanent de ce modèle, une tendance « *overshoot and collapse* » robuste : après une période de croissance, tout s'effondre, la population, la pollution, la qualité de vie, le capital investi et les analyses de sensibilités montrent que cette tendance ne dépend pas des conditions initiales des deux variables que sont le niveau d'investissement et le niveau des ressources naturelles.

Figure 1 : Les résultats du modèle WORLD

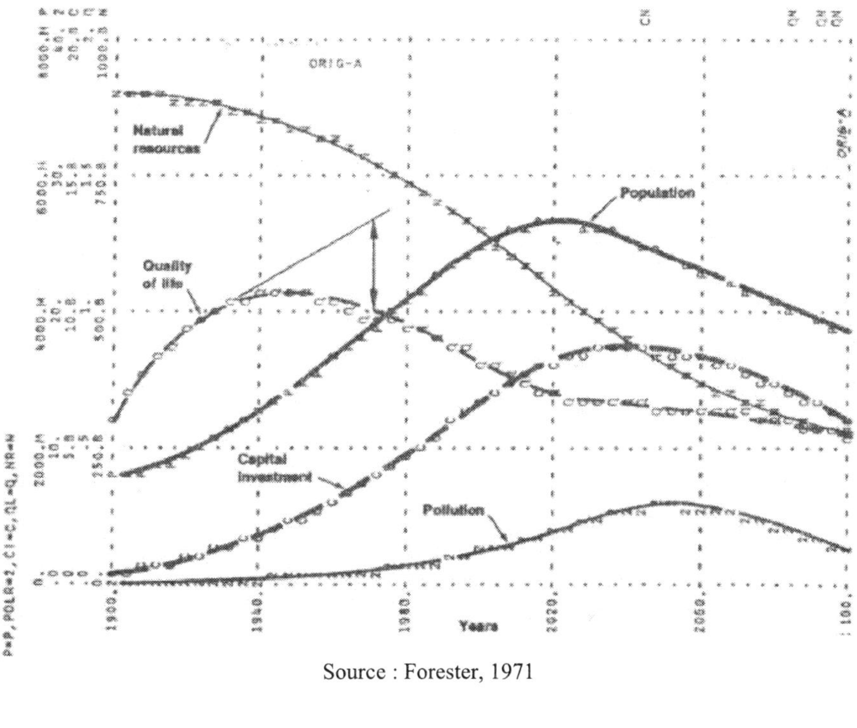

Source : Forester, 1971

Ce sont ces résultats, publiés dans le fameux rapport « *Limit to growth* » qui font grand bruit à l'époque car ils remettent en cause une vision de la croissance bénéfique pour l'humanité. Mais encore une fois, ce qui nous intéresse ici ce ne sont pas les désaccords suscités par la préconisation d'une croissance zéro, mais davantage les critiques exprimées à l'encontre du modèle WORLD.

En effet, la communauté scientifique, les économistes réagissent à cet exercice de modélisation en commençant par pointer un certain nombre de lacunes :

- Les rapports internationaux ne sont pas représentés ;
- Des hétérogénéités régionales ne sont pas prises en compte, traduisant le parti pris d'une vision centralisée voire hégémonique ;
- Les mécanismes économiques ne sont pas pris en compte ;
- Les substitutions entre les différentes ressources naturelles ne sont pas envisagées ;
- Il n'est pas possible d'améliorer au cours du temps les processus de production.

Ces observations ont abouti à la mise en place du « socle de la modélisation prospective contemporaine » : au delà de toutes ces divergences, une convergence entre plusieurs courants s'opére pour initier une réflexion sur le type de modèle qu'il faudrait élaborer pour pouvoir traiter des questions de long terme. Les premiers modèles discutés visaient à répondre aux problèmes de croissance soulevés par les conclusions du Club de Rome. Puis, au cours du temps, ces modèles ont évolué pour suivre les préoccupations adressées par le champ prospectif : avec la première crise pétrolière, l'énergie est devenue une question centrale qui a suscité le développement de modèles sectoriels. Aujourd'hui, les questions climatiques sont au centre du débat et le type de modèles pour les appréhender introduit l'approche intégrée, bouclant climat, technologie et économie.

Cette émergence de courants et de modèles s'est concrétisée autour de mathématiciens et d'économistes qui ont associé leurs travaux. Les mathématiciens sont présents dès l'origine sur ces sujets à travers l'équipe de recherche opérationnelle de G.B. DANTZIG (SOL – *Stanford Optimization Laboratory*). Les modèles d'allocation de ressources qui commencent à y être développés sont utilisés. On trouve également sur ces questions de prospective de long terme, une partie des membres de la COWLES Foundation, dont notamment T.C. KOOPMANS. Et enfin, bien évidemment, Alan MANNE et William NORDHAUS qui travaillent également dans le cadre de l'IIASA (*International Institute for Applied Systems Analysis*) créé en Autriche dans les années 1970. Est alors mis en place l'*Energy Modelling Forum* (EMF), lieu d'échange et d'évaluation des modèles via des *benchmark*, encore très actif aujourd'hui.

La critique du modèle WORLD a entraîné un foisonnement des approches qui a finalement été très constructif. Il a permis, en alliant l'optimisation et la recherche opérationnelle aux questions d'économie, d'améliorer les modèles adaptés au traitement des questions d'énergie et de climat sur le long terme.

Les modèles que nous utilisons aujourd'hui sont simplement les héritiers de ces développements. MARKAL/TIMES d'un côté, au CMA, est un héritier de l'analyse d'activité et est basé sur une approche relevant de l'optimisation inter-temporelle du système technologique. IMACLIM de l'autre, au CIRED, est un héritier de l'approche MACRO et propose en sus une dérivation hybride qui lui permet d'avoir des qualités supplémentaires.

STRATEGIES ET AMBITION DE LA CHAIRE

Jean-Charles HOURCADE

Directeur du Centre International de Recherche sur l'Environnement et le Développement (CIRED)

École Ponts ParisTech/AgroParisTech/CNRS/EHESS

Nous allons poursuivre cet historique *via* un tableau qui regroupe les principaux modèles en cinq familles principales.

Figure 2 : 1978-2008 : la curieuse permanence d'un jeu des cinq familles

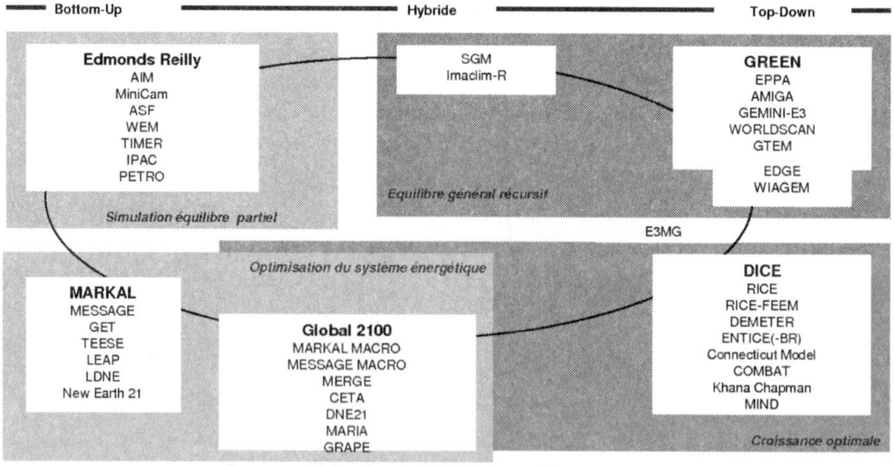

Source : Thèse Renaud Crassous, CIRED, 2008

Derrière la diversité des modèles, cinq familles apparaissent curieusement assez stables. Elles se divisent selon deux axes :

- Le premier axe, horizontal, exprime :
    - d'un côté, les modèles *bottom-up* avec lesquels on essaye de décrire les systèmes technologiques ;
    - de l'autre côté, les modèles *top-down* qui essayent de faire un bouclage macroéconomique, c'est-à-dire qu'ils calculent l'impact de grandes variables économiques telles que le chômage, la productivité du travail, la démographie, la consommation d'énergie des ménages sur l'évolution des secteurs : industrie, agriculture...

Les deux types de modèles ou d'approches connaissent quelques difficultés pour dialoguer en dépit de tentatives d'hybridation.

- Le second axe, vertical, représente :
    - D'un côté, le paradigme de la simulation ;
    - De l'autre côté, le paradigme de l'optimisation à la fois des systèmes énergétiques mais également des sentiers de croissance.

Un mot sur ces différents modèles :

- Les premières versions des modèles de la famille Edmonds-Reilly (simulation en équilibre partiel) remontent au début des années 1980. Ces modèles macroéconomiques d'équilibre général traitent la production et la consommation d'énergie par région, l'équilibre global entre les régions étant assuré par les prix mondiaux.

- GREEN est le modèle de l'OCDE destiné à évaluer le coût des politiques de réduction des GES. Développé au début des années 1990, il est maintenant utilisé par le MIT. C'est un modèle d'équilibre général de type récursif qui n'est pas forcément optimal. Il présente plusieurs déclinaisons se rapportant néanmoins au même concept.

- MARKAL a été développé dans les années 1970. C'est un modèle *bottom-up* qui présente une forte désagrégation sectorielle. Il offre des sentiers technologiques optimaux en fonction des demandes énergétiques.

- MANNE et RICHELS sont à l'origine de GLOBAL 2100. Il s'agit d'un modèle intertemporel d'optimisation. L'économie est représentée par une fonction de production agrégée bouclée avec un modèle technologique.

- Le modèle « source » de la famille des modèles macroéconomiques compacts d'optimisation intertemporelle est DICE[2] développé par NORDHAUS. Il révèle des sentiers de croissance optimale en se fondant sur le modèle de RAMSEY.

Pourquoi ces cinq familles coexistent-elles toujours ? Certainement car on n'ose pas ouvrir « les boîtes noires » que constituent ces modèles. C'est ce que nous devrons faire dans la cadre de la Chaire Modélisation prospective, afin que le débat public intègre des arguments pertinents.

Pour commencer à éclairer cette boîte noire, il faut expliquer pourquoi, quand les modèles décrivent des sentiers de long terme équilibrés avec politique climatique, on n'observe aucun coût de transition pour les pays en développement qui pourtant devront fournir d'importants efforts de décarbonisation. En effet, il ne faut pas seulement raisonner avec des équilibres mais prendre en compte également les déséquilibres dus à des erreurs d'anticipation et autres inerties dans les choix d'infrastructures.

Ensuite, la représentation des technologies est problématique au sens où les modélisateurs utilisent les technologies « *on the hedge* », en choisissant les moins coûteuses. Or, le tempo de déploiement des technologies dépend des contraintes en matière d'investissements et d'infrastructures disponibles. D'un point de vue purement industriel, des contraintes en termes de « filières technologiques » (investissements nécessaires en amont et en aval) disparaissent derrière les agrégats des comptabilités nationales et sont sous représentées dans les modèles.

---

[2] Acronyme de *Dynamic Integrated Climate Economy*

Les économistes utilisent également des technologies « *subrogated* » au sens où, n'ayant pas de technologies explicites, ils emploient des fonctions de production. Mais on ne connaît pas vraiment le réalisme qu'il y a derrière ces fonctions. Plus largement, le problème posé est celui de la vision du monde que l'on transmet avec ces technologies. En effet, une analyse coût/bénéfice transforme les pays en développement en véritable « havre de pollution », les pays développés y délocalisant leurs technologies les plus polluantes en raison de la faiblesse des coûts du travail et d'une législation environnementale plus faible.

Enfin, les modèles ont tendance à représenter l'économie de manière trop stylisée. Il faudrait ainsi éviter d'avoir des raisonnements qui intègrent seulement dans le modèle un prix du bien composite, un prix de l'énergie et rien d'autre. Dans la réalité, par exemple, les problèmes de mobilité sont intrinsèquement liés au prix du m^2. De même, pour les potentiels en biocarburants, le prix des terres importent beaucoup. Le problème est identique pour les modèles sans flux de capitaux.

Plus largement, ce blocage autour de la connaissance des « boîtes noires » peut être expliqué par plusieurs raisons, dont celles-ci :

- Des effets d'hypnose, de réputation et d'intimidation, au sens où faire de la « bonne économie » est assimilé à élaborer des modèles d'équilibre général avec anticipations parfaites. Or, ceci est faux étant donné les contraintes existantes sur l'économie liées à l'incertitude ;

- Les commandes d'expertises erratiques et « pressantes » sont telles qu'il faut le plus souvent y répondre sous la forme de « *crash programs* ». Elles sont souvent faites dans l'urgence sans pouvoir avoir la possibilité d'investir dans des développements de modèles. Il en résulte que des faiblesses connues depuis des années ne sont pas dépassées ;

- L'effet « GAMS » sur les « semi-lettrés », autrement dit expliquer des choses pas forcément comprises. Dans les années 1988-1990, tout bon mathématicien pouvait décrire un modèle d'économie nationale en trois ou quatre jours, mais ceci au prix d'hypothèses et d'astuces mathématiques qui posent des problèmes d'interprétation économique.

- L'absence d'investissement sur des percées méthodologiques.

Au final, quel est notre projet de modélisation ?

Il vise à dépasser la dichotomie entre les modèles *bottom-up* et *top-down* en essayant d'hybrider les aspects macroéconomiques et technologiques, autrement dit les visions des économistes et celles des ingénieurs. D'un côté, on représente le moteur de croissance, son fonctionnement, en intégrant les évolutions de la productivité, de la démographie, etc. Les flux de capitaux, de l'épargne et la fragmentation des marchés sont également intégrés. De l'autre côté, on modélise les marchés, de l'énergie, des terres, des logements, etc. Ceci signifie que plusieurs prix existent que l'on cherche à rendre cohérents avec des quantités. On essaye également de prendre en compte les anticipations imparfaites des agents, les effets d'inertie dans les infrastructures (transports, résidentiels).

Figure 3 : Climat, tensions sur les ressources, environnement local, fragmentations sociales

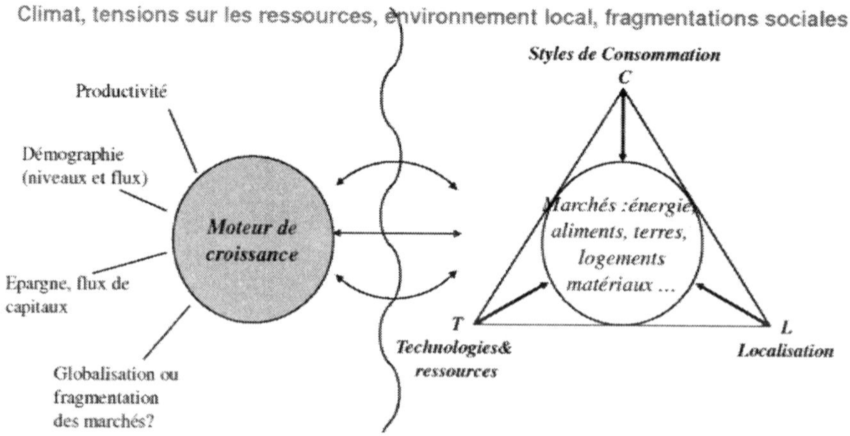

Source : CIRED

Plus largement, l'enjeu est de disposer d'une prospective qui permette de faire réfléchir les gens sur leur vision à très long terme. D'une part, il y a un aspect de projections, mais sur le long terme, la capacité à la prédiction n'est plus fiable. En revanche, il convient de consulter les populations pour interroger leurs convictions, leurs visions de la technologie, du monde qui doivent être rendues cohérentes en termes économiques.

Il en résulte trois directions de progrès :

- Il faut bien sûr que l'on progresse dans **l'explicitation** des **technologies ;**

- Il faut **renforcer le réalisme microéconomique** de nos modèles sur la manière dont on décrit les comportements réels des agents, des consommateurs et des décideurs industriels. En effet, on fait beaucoup d'optimisation lorsque les comportements sont myopes ou en situation parfaite ;

- l faut enfin **améliorer les mécanismes macroéconomiques**. Par exemple, sur les marchés des capitaux, les valeurs sont parfois telles qu'elles l'emportent largement sur les incertitudes que l'on a sur la technologie.

La route est longue. Seules quelques équipes dans le monde se sont engagées dans cette problématique. La Chaire Modélisation prospective devrait participer à ce type d'effort. Elle devrait d'autant plus y parvenir qu'une des stratégies scientifiques mise en place pour la Chaire consiste à faire travailler ensemble des économistes, des ingénieurs et des mathématiciens.

Figure 4 : Les enjeux de l'hybridation : trois directions de progrès

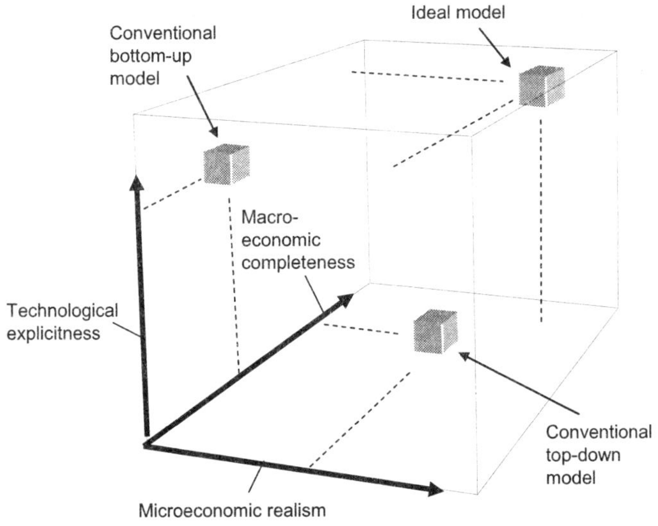

Source : CIRED

Un des risques de la modélisation est de se trouver embarqué par sa propre trajectoire de développement. Ainsi, l'effort de modélisation doit être conduit « en tension » avec les questions de politiques publiques et de stratégie industrielle, en particulier, pour mieux intégrer les rationalités des stratégies actuelles des industriels. Cela induit qu'il est également important de développer un dialogue avec les acteurs industriels pour le partage des savoirs, l'élaboration des questions et la programmation des « commandes ». En effet, certaines questions sont très importantes mais il faut être clair sur le fait qu'aujourd'hui, elles ne peuvent être traitées en six mois. Il est donc essentiel de comprendre que l'ordonnancement des questions dans le temps devrait permettre d'améliorer l'efficacité de la stratégie scientifique.

La Chaire Modélisation prospective aspire ainsi à jouer un rôle dans le formatage international, en visant quelques objectifs majeurs, comme participer aux prochains scénarios du GIEC (Groupe d'experts intergouvernemental sur l'évolution du climat).

Un dernier point est que la Chaire Modélisation prospective doit être un des lieux qui va faciliter l'intervention sur les « formations », car le capital humain constitue une ressource rare.

TABLE RONDE DES PARTENAIRES INDUSTRIELS ET INSTITUTIONNELS

Participaient à cette table ronde :

Jean-Marie BOUCHEREAU**, Chef de service adjoint Observation, économie et évaluation de l'**ADEME

Frédéric VAILLANT**, Directeur Innovation technologique de **SCHNEIDER ELECTRIC

Jean-Yves CANEILL**, Chef de projets, Direction du développement durable d'**EDF

Jean-François MINSTER**, Directeur scientifique de **TOTAL

*La table ronde était animée par **Michel COLOMBIER**, Directeur scientifique à l'**IDDRI** (Institut du Développement Durable et des Relations Internationales)*

Michel COLOMBIER

Je vous propose maintenant un temps de discussion avec quatre représentants des partenaires publics et privés de la Chaire.

Les présentations de Nadia MAÏZI et Jean-Charles HOURCADE mettent bien en avant le fait que la Chaire Modélisation prospective répond à une double ambition :

- *Une ambition intellectuelle, avec la volonté de travailler dans la filiation de ce qui a été présenté, à savoir que ce travail de modélisation est d'explorer de nouveaux horizons et de nouveaux territoires ;*

- *Une ambition de méthodes, dont l'idée forte est le travail en co-construction, et ce, depuis les questions à poser. Ainsi, pour faire évoluer ces méthodes, il est essentiel de prendre le temps de construire et d'organiser le travail de manière cohérente avec les Partenaires.*

En effet, dans ce partenariat, il y a une dimension stratégique importante. Pour construire la Chaire Modélisation prospective, la dimension financière est certes présente mais c'est beaucoup plus que cela et les représentants des partenaires présents ici pourront témoigner de ce qui les amène à participer au développement de cette Chaire.

Il me semble qu'il y a deux dimensions que vous pourrez défendre en partie :

- *La première dimension concerne les questions que vous vous posez finalement, que ce soit au regard des décisions publiques ou des entreprises privées. Autrement dit, quelles questions, la problématique du développement durable vous pose en termes de métiers, en termes d'enjeux et auxquelles vous attendez des réponses à l'aide de nouveaux outils, de nouvelles méthodes.*

- *La seconde dimension touche à la formation, qui est importante aussi pour vous. La formation, c'est construire des ressources humaines pour le monde de la modélisation, mais aussi, fournir pour vos entreprises, un potentiel de personnes qui ont une formation par la modélisation.*

Jean-Marie BOUCHEREAU

J'ai suivi depuis l'origine le montage de ce projet de Chaire Modélisation prospective. La position de l'ADEME est certes du côté de la décision publique mais avec cette particularité qu'elle se situe à un niveau intermédiaire entre la décision publique et le monde industriel à travers notamment sa politique de recherche et sa politique d'aide de la politique publique pour pouvoir mettre en œuvre ses objectifs.

Pour nous, la prospective est un de nos domaines d'intervention depuis quelques années. Notre agence soutient et tend à faire évoluer les modèles pour appuyer les décisions publiques en proposant des moyens à l'Etat. La prospective impose également de prendre un coup d'avance. La question n'est pas tant celle de la prévision, et donc de savoir où on va, mais plutôt de savoir comment on y va.

Les présentations ont montré que les sujets que nous évoquons ne sont déjà plus au niveau de la fixation des objectifs mais plutôt de la détermination de la manière d'y parvenir. A partir de là, donner une vision cohérente des potentialités de l'action publique constitue déjà un objectif.

Un élément à ne pas négliger est aussi de donner la capacité aux décideurs publics de négocier sur la scène internationale. Là, on est au cœur du sujet du maintien de la consolidation voire du développement d'une prospective en France parce que, jusqu'à maintenant, les décisions étaient basées, à Bruxelles notamment, sur un certain nombre de modèles de référence qui n'étaient pas forcément maîtrisés par les équipes françaises. Maîtrisés selon un double sens. A la fois car nous n'avions pas, au sein de l'administration publique, les compétences pour pouvoir expertiser l'ensemble de ces modèles, et aussi car nous n'avions pas forcément toutes les libertés pour pouvoir contrôler les hypothèses d'entrées et les résultats de ces modèles. Donc il est important, en termes de tactique et de négociation, d'avoir nos propres outils en France.

Il convient en outre de définir des marges de manœuvre et d'identification des zones de risques que les décideurs publics peuvent prendre en compte avant de prendre leurs décisions. De même, identifier les impacts environnementaux mais aussi économiques (budget de l'état, sécurité des filières industrielles) et sociaux (problèmes d'équité entre les populations, entre les générations) est essentiel pour les décideurs. Il convient par ailleurs de s'atteler à mieux connaître les degrés de flexibilité des systèmes. Un certain nombre d'inerties doivent être prises en compte, tout comme les effets de rupture.

Pour les pouvoirs publics, il est important de pouvoir structurer une activité prospective en France, structurer des équipes, permettre à ces équipes d'y consacrer le temps nécessaire. De même, les commandes doivent être suffisamment programmées à l'avance pour permettre le temps de la réflexion et de la consolidation des outils. De plus, cette expertise doit être très largement visible à l'échelle internationale.

Ainsi, en quelques mots, les vœux et les souhaits que je formule pour la Chaire Modélisation prospective, sont de nous mettre en capacité de structurer cette force vive, ce capital humain qui nous permettra de fonctionner en réseau, à la fois au sein d'une équipe académique, mais aussi entre les industriels et les pouvoirs publics, afin de disposer des armes, des outils nécessaires pour gérer au mieux l'avenir.

Michel COLOMBIER

Je vais revenir sur un point que nous n'avons pas évoqué encore, à savoir la notion de capitalisation. Quand on parle aujourd'hui du lancement de la Chaire Modélisation prospective qui est une activité nouvelle, on n'oublie qu'il y a deux équipes qui ont travaillé à sa création. Il est vrai qu'un des objectifs essentiels de cette Chaire est de parvenir à capitaliser les travaux et d'augmenter la visibilité du travail qui y est fait, d'avoir une qualité reconnue, d'autant plus si on considère la tendance à la sous-visibilité de la capacité de modélisation française dans le débat international. L'enjeu est donc également l'accroissement du rayonnement à l'international, de capitaliser ce qui a déjà été construit. La capitalisation des travaux de la chaire est essentielle. Le rayonnement de la modélisation revêt également une importance capitale.

Frédéric VAILLANT

Nous développons des partenariats depuis plusieurs années avec les équipes de la Chaire. C'est pourquoi, lorsque la proposition a été faite d'intégrer une Chaire de Modélisation prospective, la question de notre intérêt à participer à la création d'une telle entité s'est vraiment posée chez SCHNEIDER ELECTRIC.

Je vous propose ainsi de vous expliquer pourquoi nous nous sommes interrogés et pourquoi nous avons finalement accepté.

En quelques mots, SCHNEIDER ELECTRIC est une société réalisant un chiffre d'affaires de 17 milliards d'euros, rassemblant 120 000 collaborateurs et environ 7 000 personnes en Recherche et Développement. Elle est présente dans 150 pays en termes de vente et une centaine de pays en termes d'implantations industrielles et de réalisations d'affaires. Nos métiers recouvrent essentiellement la distribution électrique, le contrôle industriel, le contrôle du bâtiment et les alimentations sécurisées en particulier pour les *data centers*. La société n'intervient ni dans la production d'énergie, ni dans sa consommation, mais son métier se situe sur « tout ce qui régule » entre la production et la consommation d'énergie.

Les questions du développement durable sont présentes depuis longtemps dans la culture du groupe à travers notamment l'efficacité énergétique, la responsabilité environnementale dans notre organisation, dans les produits que nous développons et dans les solutions que nous vendons à nos clients. Je vais prendre deux exemples :

1. Le MEEDAT[3] a remis récemment à SCHNEIDER ELECTRIC le prix du meilleur produit éco-conçu au Salon POLLUTEC[4] pour une nouvelle génération d'automates industriels, consommant moins, permettant un recyclage plus important, un poids moindre, etc. : faire en sorte que les produits soient mieux éco-conçus est quelque chose de presque naturel dans le groupe.

2. Nous vendons également de l'efficacité énergétique. Nous avons la prétention d'aider nos clients à être plus efficaces énergétiquement. Le premier contrat de *performance contracting* date de 1993 ; c'était à l'Université du Texas, plus précisément à l'Université féminine de Dallas. Il s'agissait de réduire la facture énergétique pendant vingt ans. Nous avons calculé pour ce client les investissements qu'il fallait réaliser, le taux de retour sur investissements et nous avons partagé le risque avec lui. Vendre de l'efficacité énergétique fait partie de notre culture et de notre business.

Pour toutes ces raisons, il était intéressant de participer à la Chaire Modélisation prospective. D'ailleurs, SCHNEIDER ELECTRIC fait partie de cinq index de développement durable, dont le *Dow Jones Sustainability index* ou *l'Ethibel index*.

---

[3] Ministère de l'Ecologie, de l'Energie, du Développement Durable et de l'Aménagement du Territoire.

[4] POLLUTEC, Salon international des équipements, des technologies et des services de l'environnement, Lyon Eurexpo, 2-5 décembre 2008.

Par contre, la dimension prospective, c'est-à-dire se projeter à 20, 30 ou 40 ans, etc., ne nous était pas familière. Car SCHNEIDER ELECTRIC est en fait une industrie peu capitalistique et, à la différence des régies ou des prospecteurs d'énergie, ne s'engage pas à vingt-cinq ans. Plutôt que la prospective à cet horizon, nous parierions plus sur la capacité à être réactif, à s'adapter aux marchés, à regarder comment les choses évoluent et finalement à aller là où le marché nous emmène pour l'influencer dans le bon sens.

Seulement, on s'est rendu compte, et notamment dans le cadre des contrats de *performance contracting*, que vendre de l'efficacité énergétique ne se réduit pas à vendre des solutions techniques. Cela s'accompagne d'un investissement, d'une prise de risques partagés, etc. Afin de se couvrir, nous devons estimer ce risque sur vingt ans, et prendre en compte les contraintes de solvabilité ou encore l'actualisation. On commence dès lors à rejoindre des notions de prospective.

A plus long terme, nous nous interrogeons sur les secteurs qui seront porteurs et sur lesquels il est important de se positionner ainsi que sur les applications sur lesquelles il faut le plus s'investir. Est-ce qu'il vaut mieux travailler sur les *data centers*, miser sur la croissance des Télécoms ? Et comment faire pour que les *data centers*, qui sont des consommateurs extrêmement importants en termes d'énergie, soient plus efficaces ? Egalement, vaut-il mieux réfléchir sur la désalinisation de l'eau qui est aussi un processus qui consomme énormément d'énergie ? Comment faire pour que ce processus soit plus écologique ? Ou encore, vaut-il mieux travailler sur la régulation du chauffage dans les bâtiments, là où on sait qu'il y a une déperdition énorme et un rendement extrêmement faible ?

De la même manière, est-il plus important de travailler dans les pays d'Europe et en Amérique du Nord, ou dans les BRIC (Brésil, Russie, Inde, Chine) ?

Ainsi, ce qui va nous intéresser fortement dans la Chaire Modélisation prospective, c'est d'obtenir des éléments de réponse sur l'identification des applications qui consomment le plus en termes d'énergie ? Quelles parts vont-elles avoir dans la croissance mondiale ? Où cela va-t-il se situer ? Nous savons bien que la prospective ne sera pas quelque chose d'exact, mais nous espérons que la Chaire Modélisation prospective nous indiquera quels sont les facteurs influents et ceux qui seront à surveiller au regard de la vitesse à laquelle la dynamique va se faire.

Ceci est en quelque sorte notre cahier des charges dans la Chaire : quelles applications, à quelle vitesse, où ?

Alors pourquoi la Chaire Modélisation prospective ? Parce qu'on est toujours bien plus intelligents à plusieurs, parce qu'il y a un modèle mathématique extrêmement sophistiqué qui peut être partagé. Les bases de données sont aussi quelque chose d'important. Or, dans la Chaire, se développera une interaction au niveau des bases de données qui seront enrichies par chacun.

Nous sommes donc finalement très heureux d'avoir accepté de participer à cette aventure qui nous permettra de savoir s'il vaut mieux investir sur une meilleure maîtrise de la consommation énergétique du Nord ou bien aider ceux qui n'ont pas d'énergie à pouvoir accéder à cette énergie et à l'eau courante, ce qu'on appelle le *Programme BipBop*[5] chez SCHNEIDER ELECTRIC. On attend cet éclairage de la Chaire Modélisation prospective au service du développement durable.

Michel COLOMBIER

La Chaire Modélisation prospective permet en effet l'évaluation des potentiels (de développement ou sur lesquels travailler). Cependant, ce que vous dites fait également référence à un autre aspect de la prospective, à savoir l'émergence de nouveaux métiers dans l'énergie, des métiers de service qui vont autour de vos appareils.

Jean-Yves CANEILL pourra certainement intervenir sur de telles questions mais on voit bien que l'organisation classique des systèmes énergétiques est profondément modifiée. Or, ceci est quelque chose que nous avons encore du mal non seulement à représenter mais aussi à imaginer. Je pense que c'est une question extrêmement importante.

---

[5] Business Investment and People at the Bottom Of the Pyramid.

Jean-Yves CANEILL

EDF a adhéré à ce projet de création de chaire car il rejoint les activités que nous avons d'ores et déjà menées en interne. La prospective est en effet une activité essentielle pour notre entreprise qui évolue dans un monde capitalistique et complexe et où les perspectives sont envisagées à très long terme. Or la modélisation économique occupe une place croissante dans l'élaboration des stratégies. Ces modèles complexes imposent des réflexions solides pour articuler les principales problématiques à résoudre.

La réalité de l'économie industrielle et énergétique est complexe. Les questions environnementales, la pollution atmosphérique, les gaz à effets de serre nécessitent de remettre en cause les schémas que nous avions imaginés. Nous savons ce que nous devons faire pour participer à la lutte contre le changement climatique, mais nous devons définir les moyens pour y parvenir. La modélisation peut donner un éclairage sur les outils qu'il convient de mettre en œuvre dans l'économie réelle.

Le paquet énergie-climat européen, très structuré, est complexe. Les simulations établies par la Commission européenne pour montrer les articulations entre les différentes sources de données ne me semblent pas complètes. Il convient donc de poursuivre ce type de dialogues.

Par ailleurs, la chaire pérennise les travaux de la communauté scientifique. Il est important de ne pas commettre d'erreurs dans la prise de décisions en termes de régulation. Si la modélisation peut améliorer ces outils, un grand pas sera franchi.

Un autre exemple : s'il n'existe pas encore de véritable politique énergétique européenne, l'ensemble des politiques environnementales conduisent notre système énergétique vers un certain « *mix* ». La prospective nous aidera à comprendre vers quel modèle nous nous dirigeons. Le paquet énergie-climat, cet ensemble de mesures et de directives extrêmement structuré et très complexe, le montre.

Nous pouvons également faire référence aux mesures prises depuis trois ans par les entreprises pour articuler une vision du monde à 2050 avec les ambitions des politiques publiques. Différents scénarios se dégagent de ces schémas. Le dialogue entre les acteurs est important, ce qui légitime la création d'une chaire de modélisation en dialogue avec le monde industriel.

Les problèmes de régulation deviendront de plus en plus prégnants. Il est nécessaire d'éviter les erreurs pour progresser de façon satisfaisante du point de vue qualitatif et quantitatif. Il est important de se poser les bonnes questions et d'essayer d'utiliser les bons modèles sur chaque question. Il faudra donc affiner à la fois les données, la structuration des modèles. Le fait de pouvoir faire cela de manière collective, au sein d'une chaire, est extrêmement riche.

Ensuite, vient la question des compétences, à des fins de pérennisation. Il est important d'avoir un enseignement associé qui va permettre de former les spécialistes qui pourront poursuivre à l'intérieur des entreprises et des milieux académiques ces réflexions complexes.

Je crois que l'expérience que nous avons à travers les travaux de prospective que nous avons réalisés au sein de notre entreprise depuis quatre-cinq ans sous une nouvelle forme nous a appris qu'il était extrêmement intéressant de pouvoir partager avec des laboratoires d'économie certains aspects de ces développements prospectifs. Ceci nous conforte de plus en plus dans notre volonté d'entrer dans un tel projet.

Michel COLOMBIER

L'articulation des politiques publiques est effectivement essentielle. Si on s'arrête un instant sur les heurts et malheurs du paquet énergie-climat, une question importante se pose, à savoir : comment construire des bases analytiques communes pour comprendre les régulations et leur mise en place ? Il me semble également qu'une des leçons que l'on peut tirer des négociations sur ce paquet énergie-climat consiste en ce que, ce qui a pu venir du monde des économistes était vraiment une information sur ce qu'il fallait faire finalement à l'optimum ? Par contre, il n'y avait jamais de visions sur où étaient les compromis possibles. Quels étaient les compromis pouvant être ouverts pour trouver une solution permettant d'avoir un paquet énergie-climat à l'optimum ?

Il me semble que cela fait précisément partie des apports que les industriels pourront amener à la Chaire Modélisation prospective : autrement dit, non seulement trouver une sorte de solution optimale, mais aussi, déterminer les compromis qui sont possibles quand on essaie de passer d'un modèle pur à sa mise en œuvre.

Jean-François MINSTER

Pour commencer, je voudrais rebondir sur l'introduction faite par Nadia MAÏZI, en parlant du Club de Rome et plus précisément du fait que les travaux du Club de Rome ont été critiqués par les économistes qui se sont lancés dans le développement de nouveaux modèles, pour réaliser à quel point le rapport MEADOWS de 1972 avait suscité un véritable tollé dans l'industrie, les médias, le monde politique, bien plus grand que les critiques des économistes.

On a laissé penser que le rapport MEADOWS prétendait faire une prévision du futur. Or ce n'est pas le cas. Le rapport annonce explicitement qu'il n'est pas question de prévision mais de scénarios avec toutes les limitations que le modèle utilisé peut apporter. C'est écrit dès l'introduction et dans le résumé exécutif. Pourtant cela a été présenté complètement différemment.

On a dit que le rapport annonçait une limitation des ressources naturelles en l'an 2000. Ce n'est pas vrai non plus. Le rapport MEADOWS présente des simulations jusqu'en l'an 2100. Et si l'on examine depuis 1972 l'état des ressources naturelles, comme la biodiversité, les surfaces agricoles, les terres arables, l'eau, on a le sentiment que l'humanité a continué à consommer ces ressources naturelles plus ou moins dans les rythmes établis dans le rapport MEADOWS.

On a dit que le rapport MEADOWS ne donnait pas place aux évolutions technologiques. Or le rapport présente des simulations (ce sont des simulations par comparaison à des scénarios), qui intègrent une augmentation extrême de la production d'électricité nucléaire. Il faut se rappeler que c'était en 1972, donc avant le boom du nucléaire des années 1970. Le rapport présente aussi des simulations, où l'effet de l'industrie sur la pollution est diminué d'un facteur 4. Ça ne vous dit rien le facteur 4 ? Ce n'était cependant pas le CO_2, à l'époque, c'étaient les pollutions environnementales historiques dont il était question.

Le rapport compare l'impact de différents scénarios sur les conclusions finales. En fait, ce rapport a tous les attendus de ceux que l'on fait aujourd'hui. Celui qui a été présenté dans le colloque Carbone et Prospective a exactement le même mode de raisonnement. Bien sûr, les travaux utilisent un modèle qui nécessite des améliorations mais les bases de raisonnement sont posées. Et il est très important de travailler sur la compréhension de ce qu'il y a dans ces outils, aussi bien que sur les analyses et les conclusions. Ce sont des démarches que nous attendons de la Chaire Modélisation prospective.

Le deuxième élément de réaction concerne les commentaires sur les politiques publiques. Les politiques publiques ne sont pas uniquement l'affaire du monde politique ou des agences gouvernementales, c'est aussi l'affaire de tous. Une politique publique doit être compatible avec les besoins, les enjeux, les perspectives de tous les acteurs et cette chaire mobilise une grande panoplie d'acteurs.

A titre d'illustration, ce dernier trimestre, un travail a été réalisé en France, par le Conseil d'Analyse Stratégique sur les éco-industries. Le travail consistait à analyser quelles devaient être les politiques publiques pour favoriser le développement des éco-industries. L'ADEME était présente, de même que les industries du bâtiment, l'industrie automobile, etc. Un *benchmarking* des événements du passé a été réalisé. Il a été constaté que les politiques publiques qui fonctionnaient bien sont celles qui utilisent de manière concomitante et à bonne pondération les démarches d'appui à l'innovation (les politiques publiques de recherche), les démarches d'appui à l'industrialisation, en particulier par les normes, les réglementations, etc., et les démarches d'appui au marché, comme le prix de l'achat des énergies photovoltaïques par exemple.

Ce n'est que lorsque l'on a un bon équilibre entre ces trois volets, déplacé avec le temps au fur et à mesure de la maturation des technologies et de l'industrie, que l'on arrivait à des politiques publiques correctes. Je pense que la Chaire Modélisation prospective, dans son travail, va nous donner des études de scénarios de ce genre là : avoir ce genre de retours sur le passé et les conséquences sur le futur.

En ce qui concerne TOTAL, il est clair que nous sommes dans une industrie dont les investissements sont extrêmement lourds et ont des impacts à long terme : une raffinerie vit cinquante ans, une plate-forme pétrolière quarante-cinquante ans. Nous avons donc besoin d'avoir une vision du futur. Les technologies dans lesquelles nous devons investir sont des technologies dont les coûts de développement sont très lourds et durent longtemps. Par exemple, un nouveau procédé de développement - du passage du laboratoire à l'unité industrielle - demande environ dix ans. Le déploiement significatif dans l'industrie demande au moins dix ans. Remplacer un parc de véhicules, au moment où l'industrie est capable de le faire à un niveau significatif de production, demande sept ans. Pour reprendre les termes de Jean-Yves CANEILL, nous avons donc besoin d'éclairage sur le futur.

Nous attendons de la Chaire Modélisation prospective des éclairages sur la représentation des relations étroites entre la production d'énergie, le développement économique dans le monde – car l'énergie n'est pas localisée -, les développements technologiques et leur coût – car la plupart des technologies actuelles ne sont pas compétitives avec les technologies existantes d'un point de vue purement économique - et les politiques publiques.

Cet éclairage est très important pour nous car nous nous appuyons sur une multitude de rapports, qui font ce genre de projections, comme ceux de l'AIE, et nous avons besoin d'une meilleure compréhension des hypothèses et des mécanismes sous-jacents à ces scénarios énergétiques. C'est ce que Jean-Charles HOURCADE appelait tout à l'heure « ouvrir les boîtes noires ». Cette ouverture est très importante car un certain nombre de cadres de notre entreprise utilisent ces scénarios dans leur réflexion, dans leurs différentes branches et dans leurs analyses technologiques. Nous avons donc besoin d'un appui pour aider cette population à mieux comprendre les attendus, les mécanismes, les hypothèses derrière ces outils et donc afin qu'ils les utilisent à bon escient.

Le volet Formation qui est prévu dans les activités de la Chaire Modélisation prospective, qui n'est pas de la formation initiale, de renouvellement du capital humain, visera à la formation des acteurs d'aujourd'hui, du monde public et privé, et à éclairer les cadres dans leur travail au quotidien.

En outre, nous comptons sur les équipes, à côté de la Chaire, pour mener certaines études spécifiques afin de développer des applications destinées à nos propres besoins (sur des cas particuliers de nos propres enjeux), avec les outils développés dans le cadre de la Chaire.

Notre participation à la Chaire Modélisation prospective ne se limite pas à une simple présence. Elle implique une participation réelle qui nous impose de partager nos propres réflexions, nos propres outils, nos propres scénarios de production et nos données avec les autres industriels présents. Nous sommes donc susceptibles d'aider la Chaire à mieux représenter nos secteurs, à la fois sous l'angle technique et économique, dans leurs outils, dans leurs modèles. Cela nous intéresse particulièrement de le faire avec d'autres partenaires industriels appartenant à des secteurs complémentaires parce qu'ils connaissent mieux les éléments techniques et économiques dans leur industrie que nous. Ce collectif fabriquera des outils qui seront plus solides, plus riches. C'est ce partenariat qui nous intéresse.

Je remercie les responsables de la Chaire Modélisation prospective de nous avoir associés à leurs travaux. Merci à Nadia, merci à Jean-Charles, merci aux équipes car c'est un très beau projet.

Pierre MATARASSO, Directeur scientifique adjoint du département EDD (Environnement et Développement Durable) du CNRS

Je voudrais insister sur un point très important qui est que les responsables de la Chaire Modélisation prospective sont intégrés dans des réseaux internationaux.

Je vais commencer par l'ETSAP, qui est d'une certaine manière l'association des pratiquants coopératifs du modèle MARKAL. Ceci veut dire que, par l'ETSAP, nous avons accès également à des quantités de modèles différents qui sont faits de par le monde, et qui vont depuis le modèle du département de l'énergie des USA (DOE), modèle international, jusqu'à des modèles de villes durables comme les modèles MARKAL sur New York, etc.

Ainsi, derrière ce travail, il y a un fonds d'expertise internationale, une communauté internationale. Tel un bien public commun, quelque chose est en train de se construire.

Concernant Jean-Charles, il est un participant éminent du GIEC depuis des années. Il connaît toutes les équipes faisant de la modélisation au GIEC, il est particulièrement lié au PIK (*Potsdam Institute for Climate Impact Research*). Dans ce cadre là aussi, il y a les aspects de la mise en commun au niveau international d'une expertise. On observe en quelque sorte maintenant le développement de nouvelles normes au niveau planétaire, instituées notamment par le GIEC et l'ETSAP, de discours et de discussions, d'outils et d'un langage commun que Jean-Charles et Nadia savent parler aujourd'hui.

Michel COLOMBIER

Merci pour ce rappel d'autant plus utile qu'on a l'impression de discuter de quelque chose de totalement franco-français. Il me semble que le soutien qui est donné à la Chaire Modélisation prospective est de permettre à ces équipes de poursuivre leurs échanges internationaux avec davantage de moyens.

Nous allons passer à la table-ronde des partenaires académiques de la Chaire Modélisation prospective.

TABLE RONDE DES PARTENAIRES ACADEMIQUES

Participaient à ces échanges :

***Laurence FRACHON**, Directrice du Développement de l'**École des Ponts ParisTech** et représentant le Directeur de l'École des Ponts ParisTech*

Benoît LEGAIT**, Directeur de **MINES ParisTech

Renaud CRASSOUS**, Chercheur au CIRED et représentant d'**AgroParisTech

Jacques LEVY**, Président de la **FI3M

Laurence FRACHON

Je remercie tous les partenaires du projet, institutionnels ou industriels, de s'engager à nos côtés sur le long terme, car cinq ans est tout de même assez long. J'espère que ce partenariat satisfera toutes les parties prenantes. Nous sommes également très contents de participer à ce projet car il nous permet en outre de collaborer avec deux autres écoles de ParisTech, qui sont AgroParisTech et MINES ParisTech, ce qui est essentiel pour nous.

Je voudrais également saluer le travail qui a été effectué par les équipes du CIRED et du CMA. Elles ont toutes beaucoup donné pour arriver à monter ce partenariat. Ce sont deux équipes qui ont déjà acquis une certaine expérience et une certaine renommée en modélisation prospective. Je crois qu'on peut vraiment leur faire confiance pour tirer profit de ce partenariat, des opportunités qui leur sont données pour continuer l'avance qu'ils ont déjà, arriver au plus haut niveau de la recherche et accroître le développement international sur ce sujet.

Au cours de cette journée, nous avons parlé de développement durable, de changement climatique, de Grenelle de l'environnent, d'impact des infrastructures. Pour l'École des Ponts, qui est sous la tutelle du MEEDDAT, ce sont des thématiques qui ne peuvent pas nous laisser indifférents. Il est donc très important pour nous de s'investir dans ce type de partenariat. C'est vraiment dans notre mission de recherche de fournir à l'ensemble des acteurs, qu'ils soient industriels ou publics, des outils d'aide à la décision sur toutes les questions d'énergie et de climat.

Hormis la recherche, la deuxième mission de l'École des Ponts est la formation. Nous espérons aussi que ce partenariat aura des déclinaisons que ce soient en termes de formations continues mais aussi en termes de formations initiales, car il nous paraît aussi très important de commencer à former des ingénieurs sur les thèmes de la modélisation prospective, de former des ingénieurs avec de multiples compétences en mathématiques, économie, environnement, et des ingénieurs qui vont être capables de comprendre les outils qui vont être développés dans la Chaire Modélisation prospective et peut être aussi de les utiliser dans leur carrière professionnelle future.

Pour nous, c'est vraiment un des enjeux de la Chaire Modélisation prospective, à savoir développer la recherche d'une part, mais aussi commencer à sensibiliser nos élèves et les former sur ce sujet.

Voilà pourquoi l'École des Ponts a souhaité s'investir dans ce partenariat, et encore une fois, je remercie l'ensemble des acteurs qui nous ont permis de nous associer à ce projet.

Benoît LEGAIT

L'École des Mines est l'un des fondateurs de ParisTech qui vise seule à donner une visibilité internationale aux écoles membres. En effet, l'École des Mines est environ quinze fois plus petite que le MIT ; alors qu'avec la dizaine d'autres membres de ParisTech, nous formons un ensemble de taille comparable.

Un deuxième objectif fondateur de l'association ParisTech est la multidisciplinarité, l'association de techniques et de disciplines différentes pour monter des projets innovants et originaux.

C'est l'exemple de cette Chaire qui associe à la fois des mathématiciens et des économistes pour faire avancer les questions de prospective liées à l'énergie et au climat.

L'École des Mines compte environ 2 000 personnes : 700 permanents et 1 300 étudiants. Un tiers d'entre eux suit le cycle d'ingénieurs, un autre tiers le cycle doctoral – nous sommes l'École d'ingénieurs la plus importante concernant le cycle doctoral – et le troisième tiers suit des formations spécialisées. Nous sommes présents dans les domaines de l'énergie depuis longtemps, car avec les machines à vapeur, l'École a commencé à enseigner dans ce domaine il y a plus de 150 ans.

La présentation de Nadia MAÏZI témoigne que l'ensemble des compétences scientifiques présentes à l'École sont mises en œuvre pour aborder les questions liées à l'énergie. Ainsi, le domaine des mathématiques appliquées, *via* des méthodes d'optimisation et de contrôle portées par le Centre de Mathématiques Appliquées, permet d'aborder les questions technologiques et économiques liées à la prospective long terme. D'autre part, des activités plus traditionnelles se déclinent au sein de l'École : le Centre Énergie et Procédés travaille sur les problématiques de l'efficacité énergétique, d'énergies renouvelables, de stockage et de captage de CO_2 ; le Centre des Matériaux développe des recherches sur les matériaux d'isolation thermique ou des matériaux pour le stockage de l'hydrogène ou des piles à combustible par exemple ; les géosciences abordent les questions clés que sont les ressources pétrolières et gazières, la séquestration du CO_2 ; en sciences économiques et sociales, nous travaillons sur l'économie du carbone, sur l'acceptabilité du nucléaire entre autres. Dans le domaine de la formation, les questions énergétiques sont aussi extrêmement importantes. Plusieurs options du cycle Ingénieur portent sur les questions énergétiques. Nous avons développé des formations à bac+5, qu'on appelle les diplômes nationaux de Master, qui sont principalement destinées à des étudiants étrangers, en Management des systèmes énergétiques, Transport et développement durable (avec l'École des Ponts et l'École Polytechnique). Nous sommes également en train de monter, avec le soutien d'EDF principalement, mais aussi d'AREVA, un Master international d'Énergie qui est piloté par ParisTech en coopération avec Paris Orsay, Centrale et Supelec.

Nous avons également des formations à bac+6 dans le domaine de l'énergie : en premier lieu, le Mastère OSE en Optimisation des Systèmes Énergétiques, porté par le CMA, et qui permettra de nombreuses synergies avec la Chaire Modélisation prospective que nous inaugurons aujourd'hui.

Nous pouvons également mentionner les formations en Ingénierie et gestion du gaz, Énergies renouvelables organisées à Sophia Antipolis en partenariat avec EUREC (*EUropean Renawable Energy Centres*), et deux Mastères internationaux sur le management de l'énergie et de l'environnement avec Tsinghua, la première université chinoise.

Je voudrais remercier, à l'instar de ce qui a été fait, les porteurs du projet, Jean-Charles et Nadia, pour leur énergie pour monter ce projet. Je voudrais aussi remercier les partenaires industriels sans qui rien n'aurait pu se faire, ainsi que les partenaires académiques, notamment AgroParisTech et l'École des Ponts avec qui nous avons beaucoup de coopérations.

Renaud CRASSOUS-DOERFLER

Je prends la parole pour AgroParisTech en l'absence du directeur de l'ENGREF et du directeur d'AgroParisTech, Laurent ROSSO et Rémi TOUSSAIN respectivement, qui ne peuvent être là.

AgroParisTech constitue la fusion de trois écoles, l'Agro/INA-PG, de l'ENGREF (l'École des Eaux et Forêts) et de l'ENSIA (plus spécialisée dans l'agroalimentaire).

Les deux présidents sont convaincus que la Chaire Modélisation prospective est un beau projet et qu'AgroParisTech devait impérativement figurer dans les participants, dans les « sponsors académiques » et en particulier, qu'il fallait pérenniser l'expertise qui existe dans les équipes de recherche présentes et fondatrices du projet.

Ils étaient convaincus de la nécessité de cette pérennisation à deux titres. D'abord, car dans les domaines couverts par AgroParisTech, la nécessité de la modélisation prospective ne fait pas de doute. Cela s'étend des problèmes de l'alimentation et de sécurité alimentaire, aux problèmes d'aménagement de territoires ruraux ou périurbains, de collaboration sur la biomasse énergie, sur la gestion de la forêt qui a de multiples fonctions dont le stockage de carbone ou la préservation de la masse d'air pour la biodiversité, jusqu'aux domaines de l'environnement assez larges sur lesquels on partage le domaine avec d'autres Écoles et d'autres domaines de compétences.

Tous ces domaines croisent le métier d'un ingénieur du GREF ou d'un ingénieur Agro quand il sort de l'école, à savoir la maîtrise des risques et la gestion publique et privée des risques à l'échelle des administrations publiques ou des industries, et la gestion des incertitudes.

La deuxième raison pour laquelle cette pérennisation était intéressante pour AgroParisTech réside dans la tradition bien française des ingénieurs économistes, un peu tombée en déshérence dans les dernières décennies et qu'il faut probablement renouveler aujourd'hui sous une nouvelle forme moins affichée planificatrice qu'elle ne l'était auparavant, mais qui doit exister dans les nouveaux corps d'État dont sont issues d'un côté la fusion MINES TELECOM et de l'autre côté la fusion Ponts ENGREF qui sont en train de se faire. Je crois que les multiples chefs de corps sont persuadés que ce métier d'ingénieur économiste a un grand avenir devant lui.

Bien sûr, pour Laurent ROSSO et Rémi TOUSSAIN, il était évident qu'il fallait que ce soit une chaire ParisTech, car AgroParisTech est vraiment dans une dynamique de contributions dans la mutualisation des ressources, la mutualisation des affichages et les collaborations croisées.

Enfin, l'intérêt de la Chaire Modélisation prospective pour un établissement comme AgroParisTech est d'une part, de renforcer l'ancrage de l'École dans les unités de recherche, car c'est un établissement supérieur d'enseignement et de recherche et d'autre part, d'avoir un retour certain sur l'enseignement au niveau Ingénieur ou au niveau des post-masters pour former ces ingénieurs-économistes vers le public ou le privé.

Bien sûr, je remercie nos collaborateurs du CMA, mes collaborateurs du CIRED et les partenaires industriels qui nous font confiance pour avancer dans cette direction.

Jacques LEVY

Je voudrais d'abord dire tout le plaisir que j'ai de prendre la parole sous trois casquettes. La première est celle d'un ancien directeur de l'École des Mines de Paris, et à ce titre, je n'aurai pas tous les jours l'occasion de parler à la fois devant mon prédécesseur, le Sénateur LAFFITTE, et devant mon successeur, Benoît LEGAIT.

Pour que ce ne soit pas uniquement une affaire de famille, je voudrais également rappeler que je suis l'un des fondateurs de ParisTech, et dans tous les cas, le premier président de ParisTech. J'ai été également Président de la Commission Recherche de ce groupement. Je suis particulièrement satisfait de voir que les efforts que j'ai faits pendant quelques années – un petit peu en vain je dois dire - finissent par aboutir vers des projets communs. Comme l'a dit Benoît LEGAIT, c'est la deuxième chaire véritablement ParisTech qui implique plusieurs écoles de ce groupement. Ceci est également un grand sujet de satisfaction.

Ma légitimité ici et maintenant est d'être le Président de la Fondation des Industries Minérales, Minières et Métallurgiques, présidence à laquelle j'ai succédé à Pierre LAFFITTE également. Je voudrais rappeler qu'il s'agit d'une fondation très ancienne, créée en 1946 et reconnue d'utilité publique, qui avait un objectif extrêmement ambitieux, écrit dans ses statuts, à savoir mener toutes actions de nature à améliorer les performances des industries minières, minérales et métallurgiques et plus généralement, œuvrer dans l'intérêt général du pays. Je crois que nous sommes bien ici dans notre mission.

L'intérêt d'une fondation reconnue d'utilité publique s'est considérablement accrue à la suite de la promulgation de la loi TEPA[6] qui autorise aussi bien les particuliers que les entreprises à déduire fiscalement leurs dons aux fondations, de l'impôt sur les sociétés ou de l'impôt sur la fortune ou de l'impôt sur le revenu. C'est un élément qui est peut être un détail dans le débat que nous avons aujourd'hui mais je pense que c'est ce qui a permis de lancer ce phénomène que l'on observe dans toutes les écoles, et en particulier à l'École des Mines de Paris, autrement dit le développement des chaires.

De mon point de vue, les chaires présentent un intérêt majeur pour diverses raisons, qui ne se limitent pas uniquement à des considérations fiscales. La première raison est qu'il s'agit d'un projet lancé pour une durée déterminée, ponctuellement renouvelable, qui permet de se focaliser, dans un laps de temps défini à l'avance, sur un sujet particulier.

Le deuxième avantage d'une chaire est de nourrir de manière extrêmement dynamique la collaboration avec l'industrie. Mon prédécesseur, mon successeur et moi-même essayons de le faire depuis de très nombreuses années dans le

[6] Loi du 21 août 2007 en faveur du Travail, de l'Emploi et du Pouvoir d'Achat.

cadre de l'École des Mines de Paris. Je rappellerais que Pierre LAFFITTE est à l'origine de la création d'ARMINES en 1967 et cela avait déjà constitué une prise de position politique sur la volonté de travailler en recherche partenariale.

Le troisième avantage des chaires réside dans la souplesse de gestion permise par la structure d'une fondation et en particulier, la gestion du personnel. Malgré les contraintes imposées par le code du travail, cette souplesse de gestion nous permet de faire venir des enseignants, des chercheurs étrangers, de les rémunérer dans des conditions fixées d'un commun accord avec les partenaires industriels.

Je pense que l'apport de cette fondation à cette mission d'intérêt public et aux écoles, visant à développer des formations et des recherches dans des sujets généraux et, dans le cas des écoles d'ingénieurs, en relation étroite avec l'industrie, est tout à fait décisif. C'est donc avec grand plaisir que je me consacre à cette tâche.

J'adresse évidemment tous mes remerciements à la fois aux initiateurs de la Chaire Modélisation prospective et aux participants.

CONCLUSION

Pierre LAFFITTE

Sénateur honoraire

Président de la fondation Sophia Antipolis

Je sors d'une réunion sur les Clusters euro-méditerranéens qui n'est pas sans liaison avec la possibilité que vous avez et que vous auriez éventuellement d'augmenter le financement de cette chaire. J'ai appris à cette occasion que la Banque européenne d'investissement offrait de nombreuses opportunités financières dans ce domaine, surtout au regard d'une intervention sur les formations car le capital est la ressource rare. Le capital humain justement, grâce aux programmes pour la Méditerranée est en train de s'accroître fortement.

D'ici peu, on comptera environ 200 millions de personnes supplémentaires dans le cadre de l'Euro-méditerranée, des personnes beaucoup plus sensibilisées, parce que plus concernées, aux problèmes liés au changement climatique. On sait bien que la rive sud sera menacée plus tôt que nous par la sécheresse.

Par conséquent, il y a là, je le propose à la sagesse de la direction de l'École des Mines de Paris, peut être un contact particulier à prendre avec la Banque européenne d'investissement et le FEMIP[7] qui est spécialement consacrée aux financements de tout ce qui a trait, de près ou de loin, aux problèmes de formations et de développements de la zone Méditerranée. Bien évidemment, la modélisation prospective au service du développement durable rentre tout à fait dans la catégorie prioritaire.

---

[7] Facilité euro-méditerranéenne d'investissement et de partenariat.

J'invite également l'École des Mines de Paris, qui sait d'ores et déjà développer le savoir et le savoir-faire, à développer davantage le faire savoir.

Il se passe tellement de choses à l'École des Mines de Paris, qu'elle ne doit pas hésiter à faire appel aux médias. Ceci est d'autant plus important dans le cadre de ParisTech. En particulier, l'inauguration d'une nouvelle chaire de l'École Nationale Supérieure des Mines de Paris, à Sophia Antipolis, donc hors des murs de Paris, est un événement important.

Nous saluons avec plaisir cette nouvelle réalisation à l'École des Mines de Paris. Nous remercions les partenaires industriels et institutionnels et nous félicitons des efforts mis en œuvre en faveur de la prospective. D'autant plus que la modélisation prospective est quelque chose de fondamental car je crois savoir que toutes les projections actuelles, les modélisations actuelles ont un grand défaut au sens où elles sont trop optimistes en ce qui concerne ce qui va se passer.

Je pense que l'École des Mines a intérêt à ce que sur ce problème du coût du changement climatique, il y ait une équipe solide qui s'en occupe car c'est réellement une question fondamentale pour l'économie.

INTERNATIONAL WORKSHOP

"CARBON AND PROSPECTIVE"

OPENING CONFERENCE OF THE CHAIR PROSPECTIVE MODELING FOR SUSTAINABLE DEVELOPMENT

GianCarlo TOSATO

Operating Agent and Project Head of ETSAP

Chairman

The ETSAP (Energy Technology Systems Analysis Program) is the implementing agreement of the International Energy Agency (IEA) and deals with energy technology systems, analysis and modeling.

I will chair this international workshop on carbon and prospective.

Most of our work deals with using MARKAL TIMES to build models that then employed by organizations or national bodies to evaluate climate change mitigation policies or energy technology-related policies.

DECIDING THE FUTURE:
ENERGY POLICY SCENARIOS FOR 2050

Jean-Eudes MONCOMBLE

General Secretary of the French Energy Council

I. PREAMBLE

I would like to wish success to the team beginning their new project. I will speak about World Energy Council (WEC) energy policies through to the year 2050.

II. WORLD ENERGY COUNCIL

1. WHAT IS THE WORLD ENERGY COUNCIL (WEC)

The World Energy Council is one of the foremost multi-energy organizations in the world today. Established in 1923, the organization covers all types of energy, including coal, oil, natural gas, nuclear energy, hydro, and renewables. WEC is UN-accredited, non-governmental, non-commercial and non-aligned. WEC is a UK-registered charity, headquartered in London.

WEC has Member Committees in about 100 countries in the world, including most of the largest energy-producing and energy-consuming countries. It is important to remember that two-thirds of the 100 countries in the world are developing countries.

The objective of the work of the World Energy Council is to promote the sustainable supply and use of energy for the greatest benefit of all people.

2. *THE WEC APPROACH: TOP-DOWN VERSUS BOTTOM-UP*

In the past, when designing a new energy scenario, we used a top-down approach. We employed a team of experts who used models to describe a baseline and, in the best case, extrapolated the result of the baseline all around the world. They collected comments on this baseline, included the comments in the baseline and ran it for a second time. They focused on macro-economic and global or regional aspects.

With our new exercise, we have a very different way of working. We are aware that it is very important to listen to decision makers on the ground and in the field in order to define new scenarios and, as a result, we have taken a bottom-up approach. It is decision makers who influence, plan and manage regional and local energy systems on a daily basis.

These scenarios gather and collate their priorities and opinions, from the bottom-up, in each of the five regions of the World Energy Council.

This has been done for the past three years' work. During the two first years, we did not use models but instead organized worldwide discussions, mainly in developing countries, listened to their views and tried to understand their way of thinking.

3. *EXTRAORDINARY AND INVALUABLE PARTICIPATION*

We then organized work in five regions of the world. There were about 40 meetings all around the globe, and in these fora we discussed very relevant issue. The results of this discussion were very interesting for describing energy scenarios and discussions on GDP, energy intensity, and resources.

The result of these discussions with decision makers, however, highlighted two main issues:

- The importance of commitment government, and the issue of continued government commitment, ranging from no commitment to the extreme situation of a dictatorship;
- Cooperation and integration was also an issue. We discussed the level of cooperation between countries, and between companies in the future.

These two axes taken together - cooperation and integration on the one side, and government commitment on the other side –result not in energy scenarios but in energy policy scenarios.

This was the World Energy Council's major brainstorming contribution. When you take both a high and a low level for each of these axes, you end up with four scenarios.

4. EVALUATION OF THE WEC SCENARIOS

We evaluated each of the scenarios on the basis of positive and negative implications for achieving the WEC Millennium Goals (the 3A):

- **Accessibility**: access to affordable modern energy for everyone.
  We have to take account of the fact that two billion people in the world have no access to energy today.

- **Availability**: reliable and secure energy supply.
  We need energy to be available in the short term and the long term, which is a way of defining whether it is secure and reliable.

- **Acceptability**: protect and preserve the local and global environment.
  This includes environmental and social acceptability.

III. MEASURES AND STUDY FRAMEWORK

We studied Energy Policy within the framework of:

- **Government Commitment** (High – Low);

- **Cooperation and Integration** (High – Low).

These dimensions are of particular interest throughout the WEC member countries.

The study is qualitative, with some quantitative validation. However, modeling gives only a quantitative illustration of WEC qualitative scenarios.

We have used animal names for each scenario.

Figure 5: WEC Scenarios

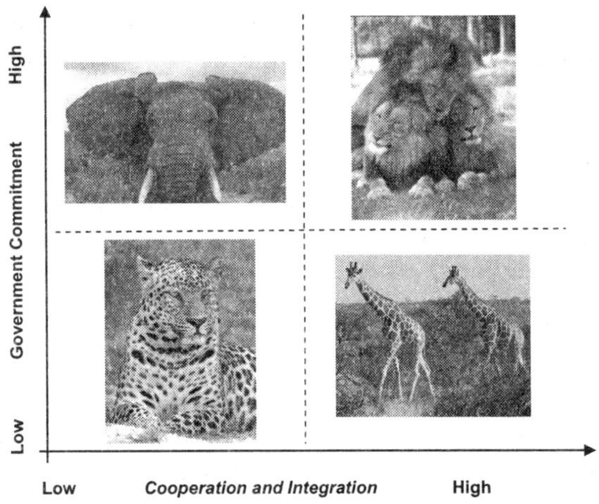

Source: Conseil Français de l'Energie

1. LEOPARD (LOW GOVERNMENT – LOW COOPERATION)

Leopard is defined by a low level of government commitment, and a low level of cooperation. We chose the symbol of a leopard because it is a large, silent animal that likes to be alone. It is a very good example of a restraint scenario.

The development of a domestic economy is the primary driver of the scenario and is underpinned by domestic energy security, which is the main focus of this scenario. Government commitment is constrained and there are few levies or subsidies. International treaties, when they exist, are ineffective.

There is very little progression on any of the measures under this scenario. For the developing regions, this scenario leads to social and climatic degradation.

2. ELEPHANT (HIGH GOVERNMENT – LOW COOPERATION)

This is defined by a high level of government commitment and a low level of cooperation. The elephant is a social animal with a strong family bond and is very self-sufficient. In spite of its highly structured existence, an elephant is slow to adapt. It provides a good representation of what characterizes this scenario – strong, hierarchical government leadership.

The first priority is domestic energy security to support structured economic activity and growth. It focuses on the development and protection of indigenous resources. International bilateral agreements are of limited use in these scenarios.

Government commitment ensures steady improvement in all of the measures. Low levels of cooperation inhibit progress in developing regions due to constraints on technology and resources.

3. LION (HIGH GOVERNMENT – HIGH COOPERATION)

This is defined by a high level of government commitment and a high level of cooperation. The lion is chosen for its sociability. It is an animal that hunts in a very cooperative way and so is a good symbol for this scenario.

National policies provide protection of property and commercial rights promoting international alliances. Government and businesses actively share their experience and expertise, and a new kind of public-private partnership emerges with a focus on delivery of policy.

Accessibility, Availability and Acceptability are global concerns. All 3A make strong progress through powerful international agreements and programs.

This is the best scenario for developing regions.

4. GIRAFFE (LOW GOVERNMENT – HIGH COOPERATION)

This is defined by a high level of cooperation and a low level of government. The giraffe is the tallest animal on earth, and it has been chosen because it has strong family bonds and is sensitive to both danger and opportunity. It is a good symbol for this scenario, which is market-driven, or dominated by price.

The primary focus is economic growth that frees up global markets to promote international trade.

This scenario is characterized by heavy reliance on market mechanisms with limited regulation, few levies and subsidies and limited restrictions on global movement of goods and services.

Availability improves dramatically as an essential facilitator of economic growth. Accessibility and Acceptability are second order priorities in the absence of government commitment. Developing countries also progress due to a high level of cooperation.

5. CONCLUSION

A serious approach of the situation involves a review of the figures. At the World Energy Council discussions, around two-thirds of countries did not opt for quantitative scenarios. Although in France and Europe, we are used to having quantitative scenarios, this vision is not always shared worldwide.

IV. RESULTS OF SCENARIOS

1. SCENARIO 1: LEOPARD

In this scenario, there is some progress made towards the objective. But for developing countries, the scenario leads to social and climate degradation.

Four results deal with total primary energy supply, peak oil, increased use of fossil fuels and coal:

- World TPES doubling from 2005 to 2050;
- Peak oil (conventional) around 2030: 98 Mb/d;
- Increase in fossil fuels: +85%;
- Coal: 40% of power generation in 2050.

The most important factor is that total primary energy supply (TPES) will double between 2005 and 2050.

2. *SCENARIO 2: ELEPHANT*

Government commitment ensures involvement in the goals of Accessibility, Availability and Acceptability, but low cooperation progress in developing regions.

The result is therefore quite different:

- World TPES in 2050: 15% below "Leopard";
- Peak oil (conventional) around 2020: 86 Mb/d;
- Increase in fossil fuels: +50%;
- Power generation in 2050: 50% non fossils.

An important factor is that the peak oil for conventional oil occurs rapidly in the scenario, in around 2020 and this peak oil is characterized by a lower level.

3. *SCENARIO 3: LION*

Accessibility and Availability are global concerns with all three A making strong progress. That is to say a strong powerful international agreement and program exists, and this is ultimately the best scenario for developing countries.

Scenario results are:

- World TPES in 2050: 5% below "Leopard" despite higher GDP growth;
- Peak oil (conventional) around 2035: 97 Mb/d;
- Increase in fossil fuels: +60%;
- Power generation in 2050: 55% non fossils.

Note that power generation in 2050 is produced with 55% of non-fossil fuels.

4. SCENARIO 4: GIRAFFE

Availability improves dramatically as an essential facilitator of economic growth. Accessibility and acceptability are second-order goals. Developing countries also progress, thanks to high levels of cooperation. Scenario results are:

- World TPES in 2050: 20% above "Leopard" due to higher GDP growth;
- Peak oil (conventional) around 2035: 107 Mb/d;
- Increase in fossil fuels: +110%;
- Power generation in 2050: 45% non fossils.

In this scenario, there is a higher share of fossil fuels in the global energy mix.

V. KEY MESSAGES

1. KEY MESSAGE 1

To meet the energy needs of the world's entire population, global energy supplies will have to double before 2050. All scenarios produce the same results. That is to say, when we consider the bottom-up approach, the demand for energy does not slow down. We see a very high level of energy intensity.

Figure 6: Energy intensity (MJ/$2005ppa)

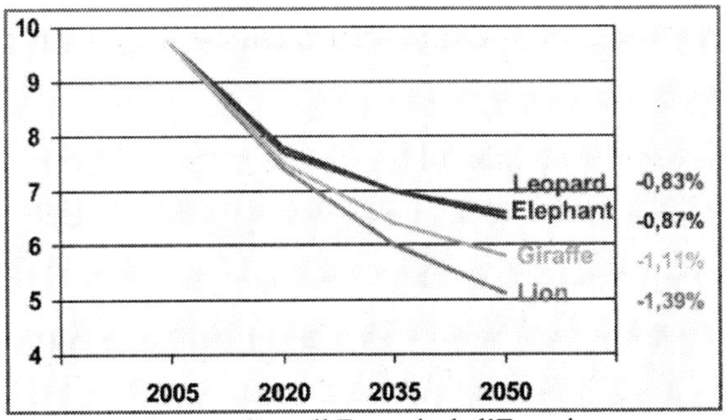

Source: Conseil Français de l'Energie

Therefore, the objective of decreasing energy intensity is highly ambitious.

2. KEY MESSAGE 2

The world has sufficient energy resources, knowledge, skills and capital to meet supply needs, but the challenge is to transport them from where they are plentiful to where they are needed most.

In order to illustrate this, we can focus on the profile of oil production (conventional and unconventional).

We can see that it is possible to develop oil production. When working with developing countries, it is of course necessary to consider this kind of profile.

Figure 7: Oil production (M bl/j)

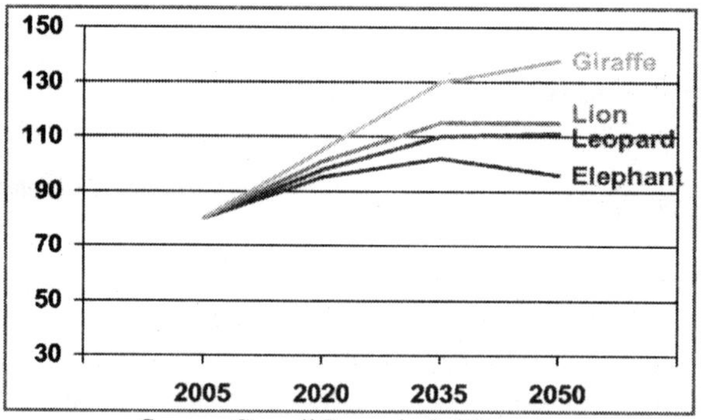

Source: Conseil Français de l'Energie

Concerning the electricity mix, the evolution from today to 2050 is very slight and we know that it is very difficult to obtain a very high evolution in the electricity mix.

In all cases, there is an evolution of the structure toward CO_2-free technologies. In some cases, mainly in the Leopard scenario, when there is no cooperation and no government commitment to start with, there are more fossil fuels in the energy mix.

Figures are very difficult to interpret, and the World Energy Council takes great care when interpreting them.

3. KEY MESSAGE 3

We can address the world's accessibility needs consistent with the effective management of acceptability, thereby mitigating both social and climate degradation. CO_2 emissions in Europe decreased for both Elephant and Lion, but not for Leopard or Giraffe.

Figure 8: CO_2 emissions (Gt)

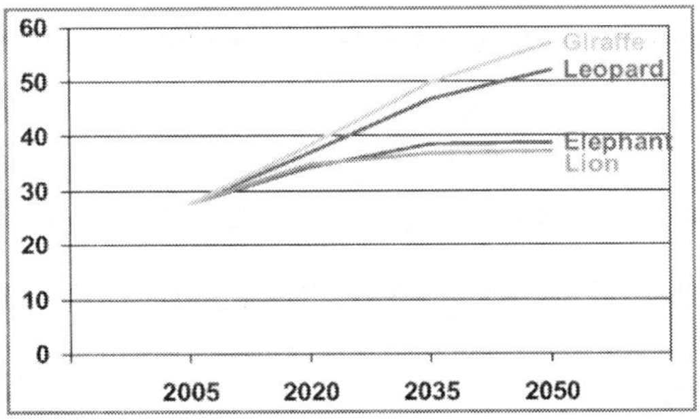

Source: Conseil Français de l'Energie

This is the result of WEC. It is a very difficult point to accept, but a decrease is globally inacceptable.

4. KEY MESSAGE 4

Higher energy prices (or the threat of them) will drive efficiency and attract capital investment to developed countries, however robust international cooperation and integration is for avoiding unintended negative consequences and exacerbating energy poverty in developing countries. Energy poverty is the main issue in the world, and this must be taken into account.

In developed countries, increased prices are sometimes considered to be good news for energy. In developing countries, however; they are a disaster.

5. KEY MESSAGE 5

Commitment from the private sector is essential – it influences national policy, drives business policy, and ensures focus on sustained delivery of the intended policy.

VI. CONCLUSION

1. Promoting energy efficiency, both in supply and demand

Promoting energy efficiency is the most appropriate solution and is very important, for both supply and demand. Very often, we forget the progress of energy efficiency on the supply side.

2. Raising public awareness of the important role of the transport sector

The transport sector's contribution to climate change is common knowledge: it is one of our major challenges.

3. Setting a global price for carbon, that is neither too high nor too low

The price of carbon in this case does not result from a trading system but is simply related to the value of carbon in order to harmonize the effort.

4. Closer integration of energy markets, regionally and globally

Closer market integration aims at greater efficiency in our actions.

5. Creating a new international framework for technology transfer

Creating a new international framework for technology transfers is a vital issue. We need to organize technology transfers from developed countries to developing countries.

6. Global dialogue on security of supply and demand

Whereas in Europe we talk in terms of security of supply, other countries talk in terms of security of demand. We need discussions between producers and consumers.

7. Taxation, legal and commercial frameworks

It is vital that developing countries organize potential avenues for cooperation.

DISCUSSION

From the floor

Does this mean that using the bottom-up approach you conducted, you were unable to include the importance of climate change and the resulting need to reduce CO_2 emissions?

Jean-Eudes MONCOMBLE

In fact, I think that it is possible to do so using a bottom-up approach, but that the bottom-up approach gives us a different picture than the one coming from industrial developed countries.

I remember we were in Rome at the World Energy Council and the Indian Ministry of Energy spoke about developing economic growth and climate change. At the end, the Chairman asked him to choose between economic growth and climate change. His reply was economic growth.

From the floor

This is not a question, but a comment.

We are going to end up with a huge rise in sea levels and very high temperatures, and at the same time we are going to see strong development in India and China, and maybe the United States and the whole world, but we are going to face the consequences of those scenarios and those choices.

Either your policy decision makers have not understood this message, and you have to rethink the whole story, or there is going to be a future of 100% conflict.

That is what I understand from the bottom-up scenarios produced by the World Energy Council. I am sorry but this is my understanding of the conclusion.

Jean-Eudes MONCOMBLE

The point of the bottom-up scenario is to understand the positions of Indians, Chinese, and Philippinos. What is important is not what we want them to think, but what they actually think. This is quite different.

Every time we have presented this paper in developing countries, everyone has agreed with it. It is very difficult to make the same conclusions when you come from Europe or France, but when you look at it globally, you must understand that in these areas people have more important issues than climate change.

I have given lectures in places where the main issue for those attending was the fact that their children were dying. We are not in the same situation, and believing that we are is one of the biggest mistakes that we can make.

This is the main message of the WEC scenario.

From the floor

This message is very useful and important. We have to remember that environmental protection should not be paid for by less developed countries. Sustainable development is still an issue. We need to hold discussions with these people.

THE SHADOW PRICE OF CARBON IN FRANCE

Renaud CRASSOUS-DOERFLER

Researcher, CIRED-AgroParisTech

Renaud CRASSOUS speaking for Thierry CHAMBOLLE, advisor for the Center for Strategic Analysis (CAS).

I. PREAMBLE

For over a decade in France, the government has set a normative carbon value that is supposed to be incorporated in all decisions on infrastructures and public spending, following the recommendation of two successive French reports, Boiteux I and Boiteux II. These reports early underlined the fact that enforcing the climate value of CO_2 and other greenhouse gases emissions are public decisions.

The Boiteux reports set the value of CO_2 at EUR27 per ton in 2000, and proposed to increase it at a constant discount rate of 4% per year. The mean carbon price on the European trading system was close to this normative value in the first part of the first period (2005-2007) and during the second period (2008-2012). To some extent, this was taken as a sign of the accuracy of the Boiteux report, even if this argument is completely misleading about the conceptual difference between carbon price in an emerging carbon market and the normative value of the Boiteux report. Nevertheless, it was thought that the carbon value adopted to reduce emissions in sectors not covered by the ETS – especially infrastructures – was not too far from the burden imposed on sectors under the ETS.

During the vast consultation process named "Grenelle de l'Environnement" that took place in France in 2007 and 2008, it was decided to update this value and incorporate it much more seriously into public decision-making.

II. CURRENT SITUATION

1. THE NEED FOR UPDATING THE 2001 VALUE

Since 2001, a great deal of new data in the scientific and political world has emerged. Scientific research has advanced with new models, new assessments of the challenge of global reductions and new assessments of carbon prices, etc. Political commitments have also increased considerably, with new ambitious objectives for 2020 and 2050. In particular, the carbon value in France must be in line with the French contribution to the European objectives of GES reductions for 2020 and 2050. The basic consensus was that we had to reassess the value regarding the objective of medium- and long-term reductions and future constraints on the European Trading System which also leads to the introduction of a carbon price in the economy.

2. THE PROCESS FOR UP-DATING THE CARBON SHADOW-PRICE IN FRANCE

The French Prime Minister François Fillon asked for a revised value to facilitate public investment choices (in line with new expectations concerning climate change). An *ad hoc* commission chaired by Alain QUINET was set up at the Center for Strategic Analysis (CAS) gathering stakeholders, modelers, scientists, public institutions and private representatives, etc. Among them were members of the Civil Service (directorates for energy, roads, environment, etc.), economists (French universities, OECD, IEA), representatives of economic and social partners, environmental NGOs, workers' associations, etc.

3. METHODOLOGICAL CHOICES

Throughout the discussions between modelers and decision makers, the aim was to adopt an approach that was the most consistent with the basic objectives of the treaty. A "Cost-Benefit" approach similar to that used in the Stern report was not retained because of two main difficulties:

- The difficulty in evaluating damage;
- Unresolved controversies about the discount rate which is shown as a key element.
- The need to deal with uncertainty about economic and climate systems.

The commission then adopted a "Cost-effectiveness" approach considering more pragmatically, that such an approach would make it possible to establish a record of carbon price, thus enabling European commitments to be met. Starting with predefined goals in emission reduction, it then tried to reveal the required carbon value by models runs. Additional materials came from either theoretical studies or pre-existing views of different stakeholders on carbon price.

However, the CAS commission called for a "dialogue" between the two complementary approaches

Discussions also addressed how to include carbon profiles for the future in public decisions through a possible consensus on carbon price value.

4. ENERGY ECONOMIC MODELS

Some energy-economic models were used:

- A standard general equilibrium model called GEMINI-E3;
- A partial equilibrium model called POLES developed by Patrick CRIQUI, (LEPII, Grenoble);
- IMACLIM-R, a hybrid model that comes in between a bottom-up description of some sectors, and a global macro-economic framework developed by CIRED;
- Theoretical studies based on the model of optimal control of scarce resources (the atmosphere).

This process highlighted very different profiles of carbon price. This uncertainty made it very difficult to decide on the right carbon price but was an interesting starting point to make participants think about the determinants of the carbon price profile.

The end result was a compromise between different members of the Commission including industrials, and trade unions that were involved in the process. The recommended shadow price (and its evolution over time) is not the result of models as such but a compromise between the members of the CAS commission, enlightened by economic modeling.

III. RESULTS

1. *A SHADOW CARBON PRICE INCREASING CONTINUOUSLY OVER TIME UP TO 2050*

The shadow price of carbon was fixed at EUR100 per ton of CO_2 in 2030, which was a strong signal compared to results found in modeling literature. Indeed, the last IPCC (Intergovernmental Panel on Climate Change) report indicates that many studies concluded that 450 parts per million (ppm) stabilization of CO_2 is achievable at less than EUR50 per t/ CO_2 by 2030.

From 2010 to 2030, two options were considered:

- One was the simple hotelling rule (4% increase per year). This is a benchmark that can be understood by everyone, but the model limitations are too broad to be recognized as a satisfying model by some economists;

- The second option was a simplistic political rule comprising a linear increase from the value set by a previous public decision (the "Boiteux" shadow price). From this perspective, the carbon price would rise from EUR27 per ton of CO_2 to the EUR100 per ton of CO_2 in 2030 (the pivot value).

The Commission members chose the second option, judged more acceptable.

2. *FINAL PROFILE: THE RECOMMENDED CO2 SHADOW PRICE*

The final profile between now, 2010 and 2030, starts at EUR32 per ton of CO_2, which is the updated value from the Boiteux report. It would be EUR56 per ton of CO_2 in 2020, and EUR100 of CO_2 in 2030.

The Commission then discussed whether to maintain a degree of uncertainty on the long-term carbon price. Most of people in the Commission were aware that uncertainty is not taken into account in public decisions, and wanted to convince policy makers that they had to handle uncertainty and get used to making many different computations or scenarios in order to result in robust policies instead of optimal policies for a given future world. We obtained this long-term carbon profile somewhere between EUR150 per t/CO_2 and EUR350 per t/CO_2 in 2050.

Comparing this new recommended carbon profile to the old carbon profiles set by the previous Boiteux report, we have managed to reinforce constraints on public decisions in order to fulfill government commitments to set new effective and ambitious emission reductions.

After 2030, uncertainty is represented by the range of prices in the grey area. The red curve is the result of the 2001 Boiteux Commission (previous value recommended by CAS).

Figure 9: The recommended CO2 shadow price

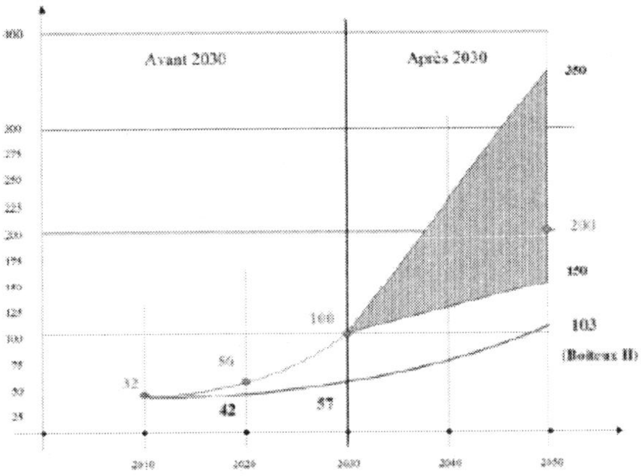

Source: Centre d'Analyse Stratégique

The next question is whether government decisions will actually respect this carbon value given the strong agreement that something must be done.

IV. SPECIFIC COMMENTS

1. LINKING CARBON AND OIL PRICES

Some people wanted to mechanically link the carbon shadow price with the oil price. Depending on the assumption you made on oil price, the carbon price is different for a given climate target.

However, there was a long debate on the range of oil prices. Will OPEC countries maintain a wide range of high oil prices, or will developed countries be able to catch up with the range by setting a new tax and increasing carbon tax?

The outcome was that we did not do this mechanically with both values. The price proposed was considered valid for oil prices ranging from EUR50 to EUR100 per barrel, and for coal prices from EUR60 to EUR120.

We have just set a revision mechanism that could become necessary if the oil price is too far from our projections.

2. UNCERTAINTY

There remains a significant degree of uncertainty in the recommended carbon shadow price (as a long-term price): the 2050 price to be considered varies in the range (of EUR150/EUR350).

Sequential decision is a critical issue. We believe that we must make a sequential decision to reassess carbon value every 5 or 10 years to take into account new information on climate, political decisions and mitigation costs, and to face future uncertainties in these areas.

Uncertainty is likely to decrease over time: the commission has recommended a re-assessment at least every 5 years, and also on various occasions (result of multilateral negotiations, new commitments and better appraisal of climate damage).

3. USES OF THE SHADOW CARBON PRICE

The last debate was about the various uses of this shadow price in France:

- In order to lead to a low carbon economy:
    - Through relevant choices in public infrastructure investment (more informed choices thanks to proper assessment of climate cost);
    - Through wider economic incentives.
- In order to better appraise public policies and regulations as regards their climate change impact;
- In order to send a mid-term signal price to private and public actors.

Some people wanted to push the idea of a carbon tax for the whole economy, but this was not within the mandate given to the Commission by the Prime Minister. The President of the Commission was keen to stay within the terms of the mandate, and said 'It is not our job to set the carbon tax in France. It is simply our job to set the carbon price for particular choices'.

However, the end of the report says that this value could be a guide for policy makers to set certain taxes in some sectors, etc. It was asked if this might send a mid-term signal to private investors and public stakeholders. There was also a great deal of discussion on the right instruments for making this shadow carbon price an effective tool, rather than simply regarding particular choices and specific development.

DISCUSSION

GianCarlo TOSATO

It is very important that we acknowledge the uncertainty that will result from introducing even more stringency – we do not know what we do not know. Some inclusion of this problem in our modeling exercises is important. There are tools to do this and they provide important results. In the end, sometimes you have to go back to your first approach, where the worst case changes the values.

From the floor

I have just one question. I would like to know if any comparable exercise has been done in other countries or at European Union level.

Renaud CRASSOUS-DOERFLER

At the time of the Commission, I know that we did not come across any similar work for making infrastructures choices in other countries. This is a typically French approach since in Britain and some Anglo-Saxon countries, people think more in terms of a global carbon price. We did not come across a similar method. We asked the Commission if it was useful to communicate the result of this Commission to other countries, and if it was interesting to discuss the methods and the relevance of this Commission in different contexts. To my knowledge, to this day, it has not been done.

From the floor

My first comment is that industry was not represented at this discussion. The second is a modeling question. If in the model you adjust what I have called 'efficiency of the incentive', it means that you are assuming that the incentive is more profitable and, in this case, you reduce, presumably, the price of CO_2.

This is my biggest comment and criticism. If you are assuming that this subsidy will be profitable in this case, mechanically in the model, you will drastically reduce the price of CO_2.

Renaud CRASSOUS-DOERFLER

Actually, this was a big paradox that we mentioned at the beginning of the Commission – the models used to assess the carbon price value do not take into account the carbon value in choosing infrastructures. There are very few models that explicitly represent infrastructures and the way infrastructures induce behavior or energy consumption, etc. For example, in most macro-models, or energy models, there are transportation choices depending on the prices of fuel and the price of different transport modes, but there is no consideration of the fact that special planning and infrastructures are very rigid and induce a rigid manner in people's behavior and choices. So we set the carbon price to decide what infrastructures we are going to make with models that do not represent infrastructures, and how they influence choices. This ensures that if we set this shadow price for infrastructure choices in France, we will be allowed to set a lower carbon price in the real world and in the market for industrials because we are not embedded in the model, so I agree with you.

MITIGATION TARGETS AND CARBON VALUES: INSIGHTS FROM TIMES-FR

Edi ASSOUMOU

Researcher at the Centre of Applied Mathematics

CMA/MINES PARISTECH

I. OVERVIEW

The purpose of this presentation is to discuss the link between mitigation targets and carbon values, and to give some insights from our TIMES French model.

II. CONTEXT

1. CO_2 EMISSIONS AND THE UNSUSTAINABLE PATH

I will start with two facts that are well known by all of you and will need few comments. In the last IPCC assessment report, alternative CO_2 emissions scenarios and their possible consequences in terms of temperature changes were described. These futures range from green to grey, with green being the most environmentally friendly scenario. When we plot the IEA baseline from the ETP 2008 report on the same graph, this clearly shows that we are on an unsustainable path. The key question is then not so much to know whether we need mitigation, but what level of mitigation is necessary.

However, answers to this second question can lead us to the red, orange, yellow or green areas. All of these induce some climate change which is probably unavoidable. Then how do we compare alternative mitigation targets? This is where synthetic cost indicators such as the implied carbon value can be helpful. The carbon value has been widely used by both the scientific community and policy makers, with of course different purposes and definitions.

Figure 10: CO_2 emissions and equilibrium temperature increases for a range of stabilization levels

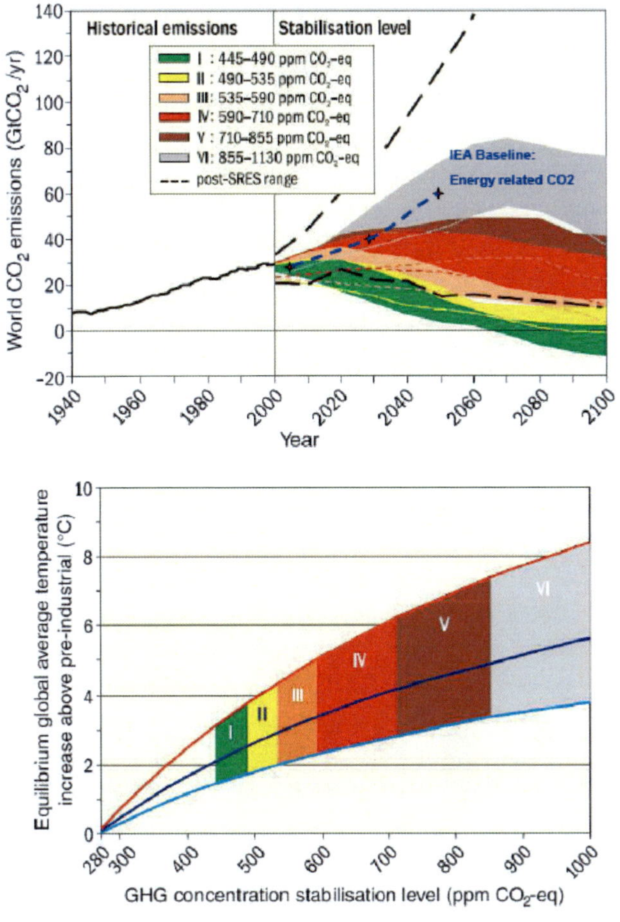

Source: IPCC Fourth Assessment report and IEA ETP 08

In summary, the point here is to show that we are moving from a phase of increasing worldwide awareness, which extends to the Kyoto Protocol period, to a need for highly stringent mitigation targets. For comparing policies, cost assessment methods and synthetic indicators such as carbon values are required.

2. *COUNTRY SPECIFICITIES MATTER*

My second point is that country specificities matter. First because all targets set at supranational level end up applying at country level, and also because countries have different constraints and opportunities. The differences between France and the world are illustrated here through the structures of Total Primary Energy Supply and net electricity production.

Looking at total primary supply, we are in a situation where the only strong point of convergence is oil dependency. Any option that reduces oil dependency at world level will thus be favorably received at French level. Conversely, issues concerning coal and nuclear energy are radically different. This is also noticeable if we look at electricity production. The share of natural gas is more complex, with a relative convergence in terms of TPES and divergence for electricity production.

It is therefore clear that world level models have been useful in raising awareness of the global threat we face, but when models are translated to more local levels we need to look beyond simplistic assumptions on technology and trade.

Figure 11: Shares of total primary energy supply

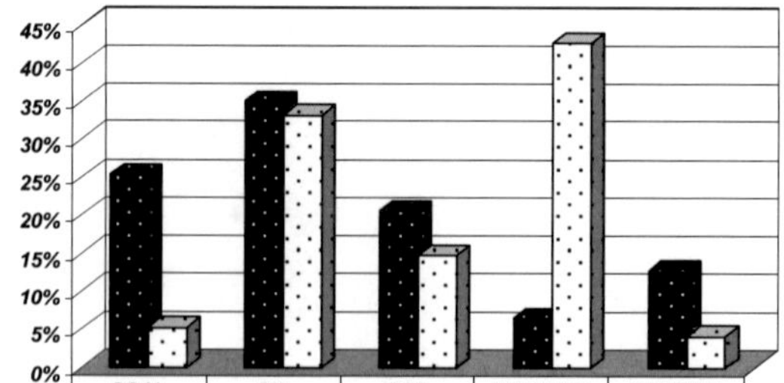

	COAL	OIL	GAS	NUCLEAR	OTHERS
■ WORLD	25%	35%	21%	6%	13%
□ France	5%	33%	15%	43%	4%

Figure 12: Shares of net electricity production

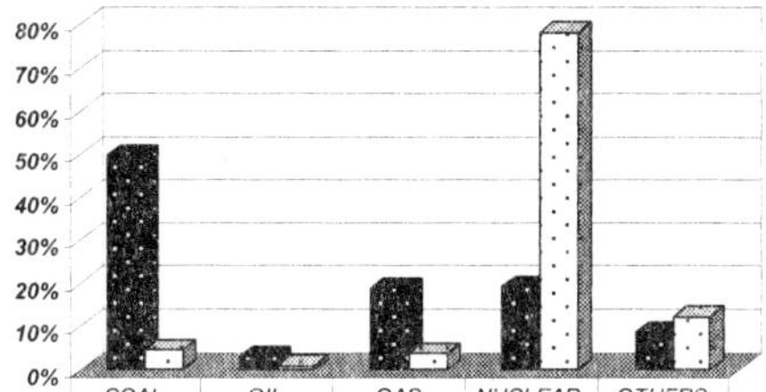

	COAL	OIL	GAS	NUCLEAR	OTHERS
WORLD	50%	3%	19%	19%	9%
France	5%	1%	4%	78%	12%

3. *FRENCH GHG EMISSION TARGETS*

The French climate agenda illustrates the interaction of targets from supranational to national levels. The first component, the Kyoto protocol, is international. The objective for France is stabilization at 1990s levels. At present, The EU is 6% over its Kyoto target, and France, which is 4% below the target, is on the right road to stabilization.

Figure 13: 2008-2010-Kyoto: In the right direction for stabilization

GHG level vs Kyoto	1996	1998	2000	2002	2004	2005	2006
UE (15 pays)	107%	106%	105%	105%	107%	107%	106%
France	101%	102%	99%	97%	98%	98%	96%

The second component comes from regional level. The EU climate package set a GHG emissions reduction target of 20% (1990 reference), and proposed country-specific targets for sectors not covered by EU-ETS burden-sharing. Finally, the 2050 target is national, and France aims to quarter its CO_2 emissions. A review by the Energy Commission in 2007 proposed an alternative vision of domestic effort with a division by 2 to 2.5.

These elements characterize the general context in which we question the carbon value.

III. CARBON VALUE ASSESSMENT WITH TIMES-FR

1. RESOURCE ALLOCATION MODEL

We used an optimal resource allocation model to investigate energy resources and technological choices for supply and demand in France. Three groups of scenarios are considered: benchmark scenarios, where we impose emission paths to express "boundary" visions of the energy system-tax profile scenarios, to see if we can reach those benchmark scenarios with pre-defined taxes; and sensitivity to technology and trade assumptions. We focus on energy-related CO_2 emissions.

2. SCENARIOS FOR EXPLORATION

The three benchmark scenarios are: a baseline projection, a low demand projection were demand is reduced without any climate policy or incentive, and a factor 2 scenario to assess a division by 2 by 2050.

These benchmarks are questioned via seven tax profiles. What should the level of carbon taxes to be get to the factor 2 scenario? To answer this, we simulate different initial tax values and growth rates:

- **Initial values 2010**: EUR30/tCO_2, EUR100/tCO_2 ;
- **Yearly growth rate**: 0%, 3%, 5%, 8%.

Our aim here is to understand the resulting abatement levels and the time dependency of the carbon value. For the benchmarks, the carbon value is the dual value of the constraints on the path we want to follow, and for the taxes, it is the tax level. There are therefore two types of approach.

A first result is that there is a feasible energy mix. This is not necessary when trying to satisfy given demands under constraints. The blue line shows the baseline scenario, in which there is a global increase of 25% in CO_2 emissions over the period. The second scenario in brown is a low-demand case, which shows that we can stabilize emissions simply by making voluntary actions on demand. The factor two scenarios is when we follow the constraint and when actions are taken for mitigation.

Figure 14: Results on CO_2 emissions (2)

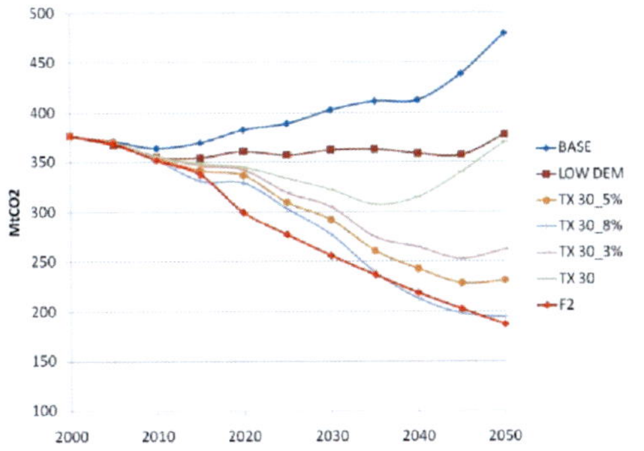

Figure 15: Results on CO_2 emissions (3)

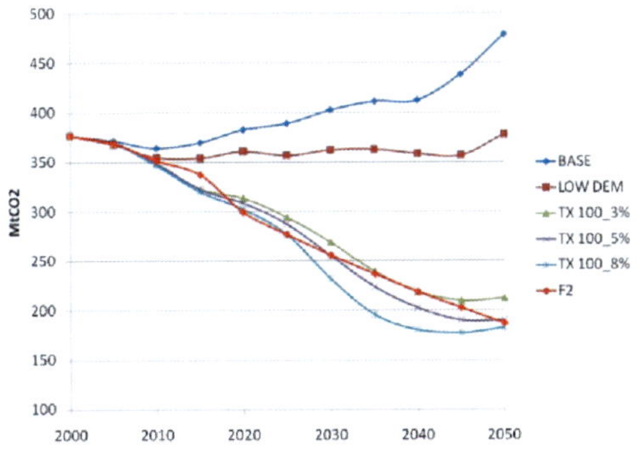

With the different CO_2 tax profiles, we move from the low-demand scenario to the factor two scenarios, which are the targeted boundary scenarios.

If we keep the tax constant, we can achieve a reduction in the first period, but by the end of the period the cost efficient measures would have been applied anyway, even in the low-demand scenario, because of their cost efficiency. When we increase the tax, we get closer to the F2 target, and we can see that the efficiency of the tax increase diminishes as we reach the end of the horizon. With the EUR30 and 8% growth rate, we can somehow mimic the factor 2 scenario. Another solution is to start at a higher level and use a lower growth rate. What these two approaches show is that there is an implicit political question, i.e. do we start taxes low with higher growth rates, or do we start with a high tax and continue with a low growth rate?

3. CUMULATIVE PROBLEM

Another important aspect is that CO_2 is a cumulative problem. If we take the difference on the whole horizon, and not simply at the 2050 point, we can see to what extent emissions are actually mitigating in comparison with the base case.

Even in the low-demand scenarios, there is around 10% reduction on the overall horizon. If we apply a fixed tax, we get an additional 6%, which is considerable, considering that we are just talking about the next 40 years.

Around factor two, the reduction is in the range of 26-29% and the higher the growth rate, the smoother the curve, meaning that we are reaching saturation level.

Figure 16: Cumulative CO_2 emissions

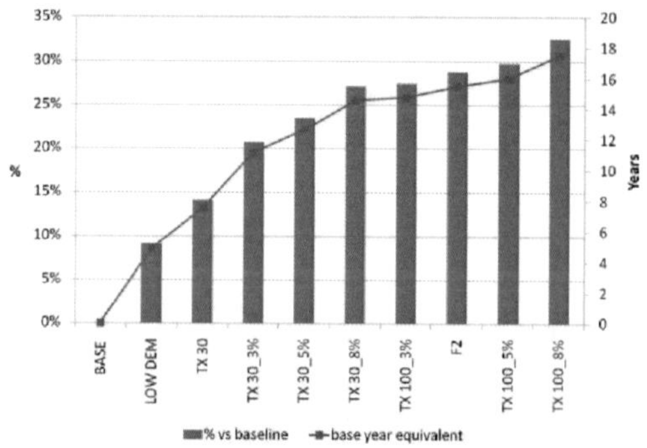

The full line gives another presentation in terms of equivalent years of emissions that have been reduced.

If we go for the higher target, the objective is to cancel the equivalent of eighteen years of emissions, and if we opt for a fixed tax, we can still say that, at EUR30 per ton of CO_2, over the next 40 years we can cancel out eight years of equivalent current emissions, which is not negligible.

4. CARBON VALUES

Either we know the targeted emission profile but do not have advance knowledge of the time dependency of the carbon value that is then set as the dual value, or we know the tax profile but not the achieved emission path.

Figure 17: Carbon values

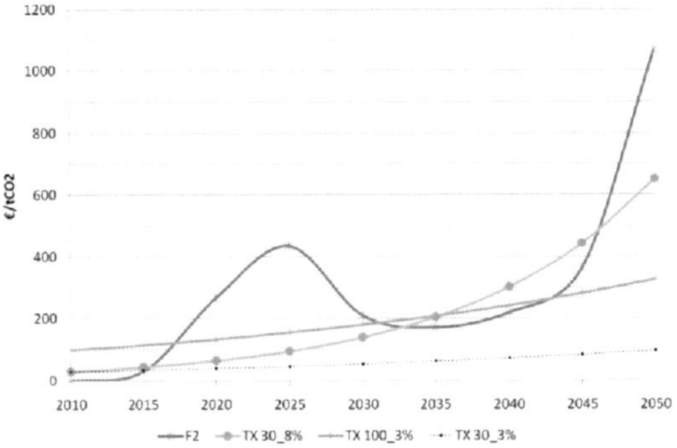

On this graph, we have three predefined tax profiles and the factor 2 dual value. If we take the factor 2 scenario - since we have an explicit constraint - we can see the effect for France of an early constraint such as 20% in 2020, and we can also note extremely high levels at the end of the horizon. Therefore, this dual carbon value profile can provide an important insight on the tightness of constraints and how our models can deal with them given the options considered.

IV. SCENARIOS FOR SENTIVITY ANALYSIS

What makes dual carbon values so high? Here we want to assess the sensitivity of this dual carbon value on 3 types of parameters:

- **Trade**: importation of biofuel;
- **Technology**: nuclear development, CCS;
- **Future useful energy service demand**.

How do these factors influence the carbon value level and its time dependency?

1. TRADE AND TECHNOLOGY

The first dimension is biofuel-trade. Since France has the third largest forest area in Europe, we consider the domestic potential only as a reference assumption. Once this restriction is relaxed to 3 Mtep of import, we significantly reduce the dual value at the end of the horizon. This is therefore a key option.

The second dimension is technology through carbon capture and storage (CCS) and nuclear. France does not use much fossil fuel for its electricity generation, and so CCS is not a significant issue today, but it may help to reduce the value of reaching the Factor 2 target in the same order of magnitude as biofuel imports. Nuclear expansion is also important. The large existing nuclear capacity needs to be renewed. The reference assumption today is a stable installed capacity. With more nuclear, we can reduce the 2050 peak drastically but also the 2020 one.

Factor 2 is feasible with different routes at different carbon costs. Ideally, the value could be relatively low, but this quick sensitivity analysis shows that the question goes beyond what the carbon value will be at the end of the period, to why we obtain a particular value.

Figure 18: Trade and technology sensitivity

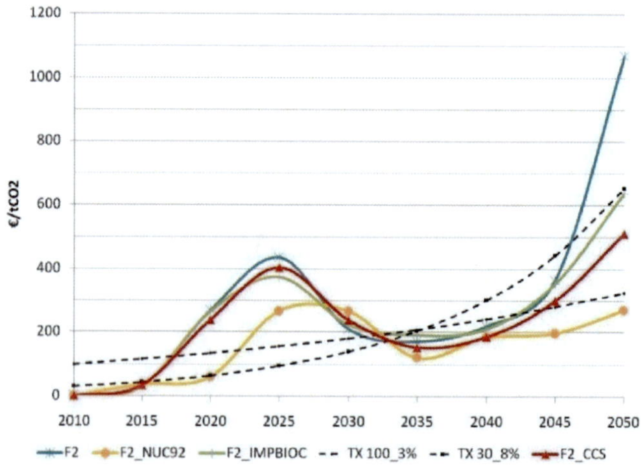

2. *DEMAND LEVELS*

The third dimension of the sensitivity analysis carried out was on demand levels. Staring with exogenous values we then allow a reduction of demand beyond the low-demand projections initially expressed by sectoral experts. When elasticity is introduced we can obtain a much lower carbon value than when relaxing only the technological or trade constraints. Finding the way to get the demand at these low levels is also an important action.

V. CONCLUDING REMARKS

In conclusion, pre-defined tax profiles can be effective to achieve mitigation targets, but they provide very little information about time dependency and how tight the targets are. It would be like making an approximate assessment of consumers' willingness to pay: we know how much we are willing to accept as tax and we are looking at how much reduction it gives us.

On the other hand, marginal values provide us with information on tightness of targets. They show that carbon value does not necessarily increase continuously and that it can capture the impact of intermediate targets, such as the 2020 objective. Time dependency is in turn contingent and the final value can be extremely high.

The sensitivity analysis then quantifies some important factors affecting the level and shape of the carbon value. For France biofuel import, nuclear expansion and demand "sobriety" are key options. Here it is important to stress that it is crucial to understand the underlying technological and demands conditions for the value we use.

DISCUSSION

From the floor

How do you define your low demand scenario? What are the assumptions behind this low demand, regarding the population's economic behavior? And do you consider the cost of reaching these low demands?

Edi ASSOUMOU

The low demand is supposed to reflect an alternative organization of society in which voluntary actions are not necessarily linked to environmental concerns. It was defined by the 2007 energy commission as a feasible scenario of energy service demands such as mobility or steel production. They were produced mostly by sectoral experts and we took them as exogenous demands. The basic philosophy could be summarized as:

'We are not touching industry', and in all scenarios industry output is the same as in the baseline. However, 'we can do something about transport' because when you project mobility needs after 2020 involves assuming how society, way of life and cities are organized. These boundary visions are helpful. The same applies to residential demand for electric appliances.

Therefore, the low demand concerns domains such as transport and the modal shift. For instance, a question could be, is it possible to multiply rail transport availability by five? And the answer: it is possible to multiply it by two or three, but five is not feasible. So this would be a low-demand scenario that says it can be obtained with clearer organization.

Afterwards, we used elasticity in the sensitivity part to depart from those used by experts.

From the floor

Are simulations like this on the country's emissions appropriate? A lot of the debate on the European Climate and Energy Plan concerns imports of energy and carbon sources. Personally, I do not believe that France's carbon footprint has decreased since 1990. It is carbon emissions that have decreased, but the carbon footprint has not. So the question is: is it also possible to make simulations based on carbon footprints?

Edi ASSOUMOU

Yes, the question being: how you define a carbon footprint? We have targets for emissions, so we focused on them. It is possible in principle, at country level, to take exogenous life-cycle analysis, and include it as emissions factors for the type of footprint.

From the floor

Or to tax imports.

Edi ASSOUMOU

Yes, that could work. Another problem is that if we reduce emissions in the carbon footprint, this will affect emissions that are part of another country's CO_2 target. Then there is a problem of double-counting.

GianCarlo TOSATO

This is possible, but it is advisable to run two models: first France separately and then France inside the European Union, where you have a model with 30 separate member states, and you learn more. The next step is to run the model with the rest of the world.

From the floor

I would just like to make a comment. I do not like shadow prices that go beyond one thousand Euros per ton of CO2. I would say that if you have a model that allows you to learn by doing, then you should use it, because there are huge prices involved. I am sure you can do the job at a lower cost, and it would be counter-productive to present the price as between USD 1 000-2 000.

Edi ASSOUMOU

Yes, the point you raise is a just and crucial one. The question is not how high the price is, or how low we want it to be. Here we are trying to draw attention to the fact that we obtain high prices when we target high levels domestically and when we take into account current demands for services and the desire to promote using only domestic biofuels and limiting nuclear expansion.

If the message is that we can obtain significant decreases at a low price, then it is not correct, because the underlying assumptions are very strong. It can be valid at world level as a first order estimate but not for a country. So the purpose of this is to show that the cost of reaching high targets for France is primarily not low but very high. We can go down to a low price, but we have to understand the dynamics and we need to accept to move some constraints, or buy permits.

I think that it is by saying this that we can make it understood, rather than first reducing it to values that people are willing to accept but that assumptions they are not ready for. I think there is room for understanding even a message like that.

TOWARDS CLIMATE FRIENDLY DEVELOPMENT PATTERNS: THE ROLE OF EARLY ACTION ON INFRASTRUCTURES

Olivier SASSI

Researcher at the International Center of Research on Environment and Sustainable Development (CIRED)
École des Ponts ParisTech

I. INTRODUCTION

This presentation addresses the link between infrastructure policy and climate stabilization. I will begin this talk with a quick reminder of the latest IPCC results, which can be found in figure 19.

Figure 19: IPCC: challenging physics but good economic news?

Category	Radiative forcing (W/m^2)	CO_2 concentration[c] (ppm)	CO_2-eq concentration[c] (ppm)	Global mean temperature increase above pre-industrial at equilibrium, using "best estimate" climate sensitivity[b), c)] (°C)	Peaking year for CO_2 emissions[d]	Change in global CO_2 emissions in 2050 (% of 2000 emissions)[d]	No. of assessed scenarios
I	2.5-3.0	350-400	445-490	2.0-2.4	2000-2015	-85 to -50	6
II	3.0-3.5	400-440	490-535	2.4-2.8	2000-2020	-60 to -30	18
III	3.5-4.0	440-485	535-590	2.8-3.2	2010-2030	-30 to +5	21
IV	4.0-5.0	485-570	590-710	3.2-4.0	2020-2060	+10 to +60	118
V	5.0-6.0	570-660	710-855	4.0-4.9	2050-2080	+25 to +85	9
VI	6.0-7.5	660-790	855-1130	4.9-6.1	2060-2090	+90 to +140	5
						Total	177

Stabilization levels (ppm CO_2-eq)	Median GDP reduction[d] (%)	Range of GDP reduction[d, e] (%)	Reduction of average annual GDP growth rates[d, f] (percentage points)
590-710	0.2	-0.6-1.2	<0.06
535-590	0.6	0.2-2.5	<0.1
445-535[g]	not available	<3	<0.12

Source: IPCC AR4 2007

In terms of physics, stabilizing CO_2 atmospheric concentration at 450 ppm seems deeply challenging in relation to the current growth rate of emissions.

On the one hand, economists claim that costs of mitigation policies should be limited. On the other hand, many policy and decision makers are very reluctant to set any binding target for emissions.

This presentation will address the paradox between these behavior patterns.

II. RESULTS AND MODEL

To highlight this paradox, we performed new simulations with our hybrid model IMACLIM-R.

Figure 20: Cost of 450ppm CO_2 scenario w.r.t. BAU, mind the transition and the end point!

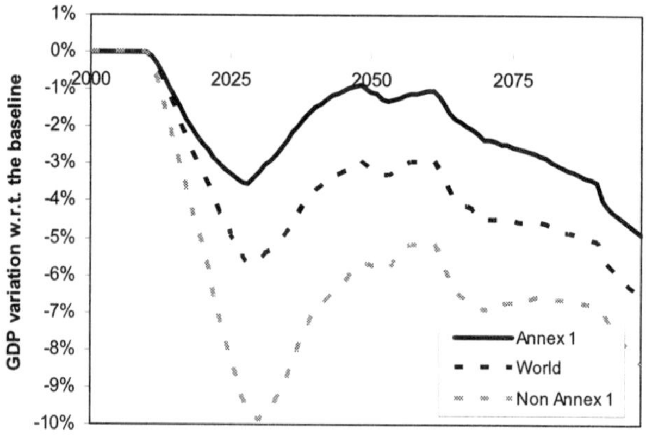

Figure 20 shows a very unconventional pattern of the GDP impact of a climate policy with reference to the Business as Usual (BAU) scenario for three groups of countries (Annex 1, World and Non Annex 1).

Actually, the bulk of the effort is concentrated (i) on the short run with important transition costs (especially in emerging economies) and (ii) on the long run. In between, we observe a catch up of the climate scenario toward the BAU. Let us now have a look at the mechanisms which drive trends.

1. WHY SUCH A PESSIMISTIC AND UNCONVENTIONAL COST PROFILE?

Let us go back to the specificity of our model.

- Numerical experiments were conduced with IMACLIM-R, a **hybrid** model including a growth engine with **ETC (Endogenous technical change)** and **disequilibrium.**

Imaclim-R is a hybrid model which embraces in the same framework both bottom up technical information and top down macroeconomic consistency.

We included a realistic description of the demand formation for energy services that interacts with the evolution of technologies, the macroeconomic context, and other technical systems like transportation infrastructures.

The other critical specificities of the IMACLIM-R model are listed below:

- The model lays on an explicit description of (i) the **inertia** of capital stocks, including infrastructures and end-use equipment and (ii) technical **asymptotes** (from expert judgments).

- Economic agents behave under a "**semi-perfect foresight**" assumption for the energy sector, and a "**semi-myopic**" one for the other sectors. In practice, this means that we do not assume perfect foresight and that an agent can make **wrong** assumptions about future market conditions.

Moreover, in this scenario, the policy signal which drives the decarbonization process is a unique world carbon price. Its impacts are unequal among sectors.

For some, like power generation, carbon price provides a strong incentive to shift toward carbon free equipments. Conversely, carbon price is only one driver among many others for infrastructure policies (roads, urban planning, etc.). Therefore, in a context where the carbon price is a signal among many others, the only way to attract the attention of economic agents is to impose a very strong carbon value.

2. *CARBON PRICE DYNAMICS*

Let us now return to our cost patterns and explain the dynamics behind them with a focus on the evolution of carbon value.

A strong carbon price is likely to stabilize an agent's imperfect anticipations during the first period (2010-2030). Then, learning effects spread out into the economy, and both the economy's carbon intensity and the price of carbon decrease. Nevertheless, with carbon values at USD 100 per ton of CO_2, the pattern of power generation completely changes, contrary to the pattern of infrastructure policy. Broadly speaking, although a lot of sectors commit to reducing their emissions, the transportation sector keeps on growing, and the economy is confronted with a lock-in into transportation-intensive pathways.

Hence, after 2050, the need to curb increasing transportation emissions drives the carbon price up to the roof, as potential solutions for cheaper reduction have already been exploited in other sectors. This explains the long-term costs of our scenario.

Figure 21: Time profile of the carbon price during first and second period: really bad news.

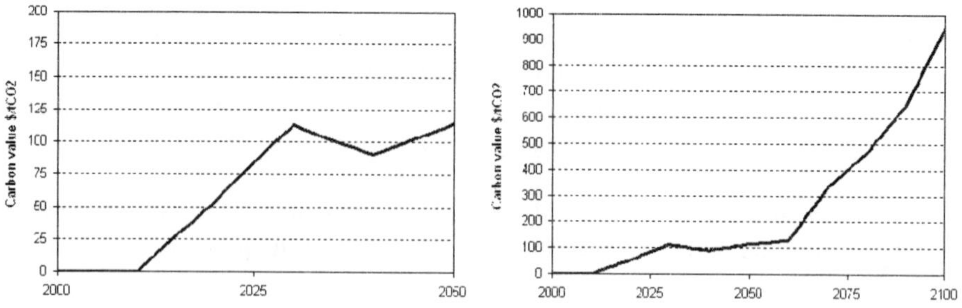

Source: IMACLIM-R, CIRED

Additional technical improvements induced by climate policies then lead to a catch-up and result in a less pessimistic transition costs profile. However, in the long run, the learning benefits disappear because capping the transportation sector's emissions requires a very high carbon price.

4. INCLUDING EARLY ACTION FOR INFRASTRUCTURES IN THE CLIMATE POLICY FRAMEWORK

Let us now look at a new scenario, in which we assume that we have a carbon price for all the sectors plus a specific commitment to increase consistency between transportation infrastructure policies and the climate stabilization target.

Early action produces little effect over the medium and short term because this specific technical system has a great inertia. In the long run, however, a significant difference in the carbon price is observed compared to the baseline (Figure 22).

Figure 22: New scenario with early action on transportation infrastructures

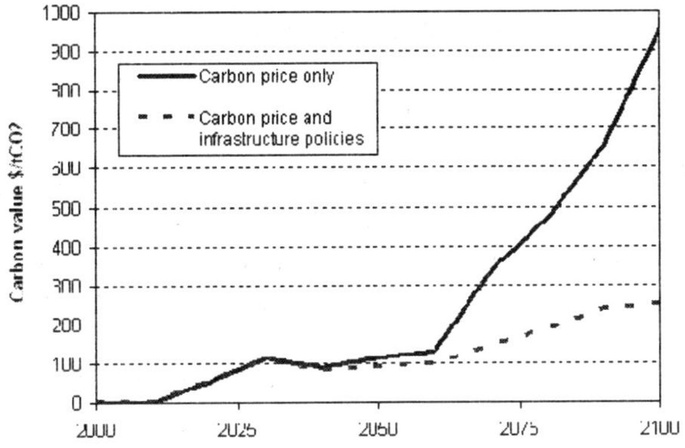

Source: IMACLIM-R, CIRED

When climate policies are implemented they have a positive effect on economic growth, superior to that of the baseline scenario, because they encourage the development of learning effects (Figure 23). This benefit is closely linked to focusing specific climate policy on the transportation sector, whose uncontrolled dynamics are not very reactive to carbon prices.

Figure 23: Reassuring end points but still transition problems

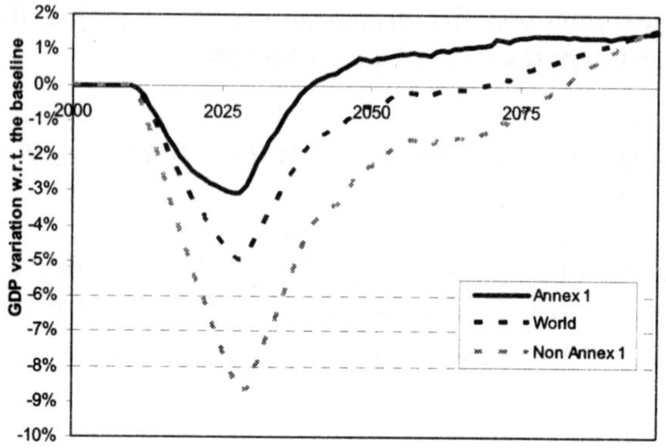

Source: IMACLIM-R, CIRED

III. CONCLUSIONS

1. LESSONS: RE-FRAMING CONVENTIONAL WISDOM

What lessons can we draw from this exercise?

First, climate policies may be beneficial in the long run because they can induce a learning process, and secondly because our baseline can be non-optimal. Bearing this in mind, we have to pay attention to carbon price-only policies, because the constraint of a uniform carbon price (only) policy may:

- Damage emerging economies over the short run (when carbon prices are relatively low)…
- ….but fail to prevent the risk of lock-in in carbon intensive development pathways.

Eventually, this reinforces the need for

- "Equity" between burden sharing and compensations.
- Early action to shift infrastructure investments

2. *POLICY AND RESEARCH AGENDA*

What kind of policy and research agenda results from this exercise?

One intellectual pre-condition is to think beyond carbon prices:

- Which drivers govern infrastructure policies? This concerns climate policies, prices, standards, urban policies, and ... local political bargaining.
- What kind of specific domestic and international policies can be set up to make up for short-term adverse distribution impacts resulting from climate stabilization policies?

Implementing a unique carbon price has to be linked with an overlapping of short-term and long-term measures. This overlapping must include various parameters:

- Laying the foundations of a "climate friendly" fiscal system;
- Fostering early penetration of efficient end-use equipment for emerging middle classes (electric vehicles, efficient air-conditioning);
- Developing support for low income classes;
- Early action in infrastructure policies;
- Domestic differentiation of carbon and energy prices and climate policies.

3. *RETHINKING INTERNATIONAL COOPERATION: AID OR FINANCIAL INNOVATION?*

This conclusion leads to a rethink of international cooperation. Currently, the context for overseas aid and funding is changing because:

- Available amounts are decreasing;
- Emerging countries are different from Least Developed Countries (LDCs).

Indeed, the main issue concerns how investment flows are directed and, to a lesser extent, the level of investment. The paradox is that there is a significant risk in investing in efficient technology and carbon free infrastructures, but these investments must be made today to avoid lock-in.

From our perspective, international cooperation provides an opportunity to create a framework for building and managing this risk and to permit this investment in emerging countries by:

- Implementing risk mitigation instruments and public-private initiatives (from exchange rate risks to project risks);
- Looking for a short-term macroeconomic leverage effect ... and curbing erratic capital flows.

DISCUSSION

From the floor

My question regards the assessment of infrastructure in developing countries.

How do you get insight into transport infrastructure for developing countries? What are the drivers?

Olivier SASSI

We made a specific effort to build a realistic transportation demand into the model. This depends on energy prices and different types of technical equipment, but also on infrastructure policy. In the carbon price-only scenario, the infrastructure policy only follows demand for mobility. If we have more demand for cars, governments will build roads, and if we have more demand for public transportation, then, more public transportation networks will be set up.

However, when you set a carbon price, you induce technical changes, and the efficiency of cars increases in the medium term because of the specific dynamics of transportation, such as the rebound effect. As a consequence, it masks your signal. Governments thus continue to build road networks because the demand for mobility is not really affected by climate policy.

When we add specific infrastructure policies to the carbon price, we assume that decision makers agree to favor climate-friendly land-use patterns that are consistent with the climate objective.

From the floor

I have a question which is connected to what you presented in line with infrastructure. New infrastructures have to be defined which supposes an infrastructure policy in line with what you mention.

But there is another point, which is how to avoid destroying capital, because capital is supposed to be part of the old economy, and it has to be replaced by something else. We need to try and re-use capital in a more environmentally friendly way. Investments in new infrastructures will be limited, which commits us to using old capital, which has been depreciated. One example is biofuel. If you take into account the economic dimension behind the cost of biofuel, you can accept a higher price, which will enable you to continue to use old infrastructures - cars and so on – with a positive effect on the environment.

Can something like this be shown using the type of model you presented?

Olivier SASSI

First, you are completely right. The main problem is inertia. Some emerging countries still have the opportunity making good choices in terms of infrastructures in comparison with the lack of space left in our country, because we are already involved in a carbon-intensive growth pathway.

IMACLIM includes some first-generation biofuels, but they are limited by land availability. Moreover, second-generation biofuels are not sufficient to tackle the problem of liquid fuel consumption in a context of oil depletion or ambitious climate policy. On the one hand, we must use biofuels to avoid destroying a lot of capital. On the other hand, they have to be used in a way consistent with infrastructures policies. Biofuels are useful as a transitory measure to escape from the inertia problem arising from the evolution of transportation systems. The main challenge is using biofuels to smooth the transition while making the right decisions in infrastructure policy to avoid any further lock-in.

CARBON ISSUES IN CHINA

CHEN Wenying

Professor at Tsinghua University, China

I. PREAMBLE

I will very briefly introduce China's current energy situation and also the challenges facing Chinese energy.

I will also introduce to you energy development perspective and polices addressing energy challenges and carbon issues, followed by long-term energy development and carbon scenarios.

II. CHINA'S CURRENT ENERGY SITUATION

1. PRIMARY ENERGY PRODUCTION AND CONSUMPTION

These two graphs represent China's primary energy production and consumption.

Figure 24: Primary energy production and primary energy consumption

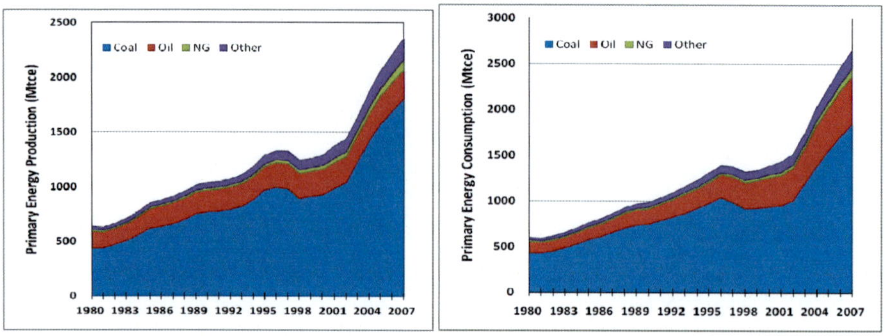

You can see that during 1980 to 2007, Chinese energy went through four stages of development:

- 1980-1984: low increase in energy consumption due to decreasing proportion of secondary industry;
- 1985-1996: accelerating increase in energy consumption due to light industry expansion;
- 1996-2000: energy consumption sees increasing fluctuation;
- 2000-2007: accelerating increase in energy consumption.

China's energy consumption grew fast after 2000, and peaked around 2.6 billion in 2007.

China's energy consumption is still coal dominated and coal shares are as high as 68% of total primary energy consumption.

2. FACTORS CAUSING RAPID INCREASE IN ENERGY CONSUMPTION IN RECENT YEARS

One of the main reasons for the faster increase in recent years is, the upgrade of consumption structures – the shift of consumption from cloth and food to cars and housing:

- Private passenger vehicle ownership (2000: 0.28 vehicle/100 people and 2005: 1 vehicle/100 people);

- Per capita living surface area in urban areas (2000: 20.3 m^2 and 2005: ~26 m^2).

The second reason is an average 1% annual increase in the urbanization rate: from 36% in 2000 to 43% in 2005).

The third reason is the excessive growth of chemical and heavy industries. For example:

- The annual growth rate of steel production reached about 25% between 2000 and 2005 (from 131 Mton in 2000 to 397 Mton in 2005);

- The annual growth rate of cement production reached about 12% between 2000 and 2005 (from 597 Mton in 2000 to 1064 Mton in 2005).

3. ENERGY FLOWCHART FOR CHINA IN 2005

Figure 25 displays China's power sector development. You can see that, after 2004, there is an increase of almost 100 gigawatts (GW) per year. By 2007, the total capacity reached 700GW. Of the total capacity, 75% is still generated by coal and fossil fuels, and 20% by hydropower. The power sector consumed half of the total coal in China.

China has made great efforts to increase unit scales of thermal power generation plants. In recent years, newly built power plant have been mainly supercritical and ultra supercritical, with unit capacities of over 300MW or 600MW. By 2007, about half of the thermal power capacity had a unit capacity of over 300 megawatts (MW), with the results that power supply's coal consumption decreased from 417 in 1993 to 357 by the year 2007.

Figure 25: Power sector development

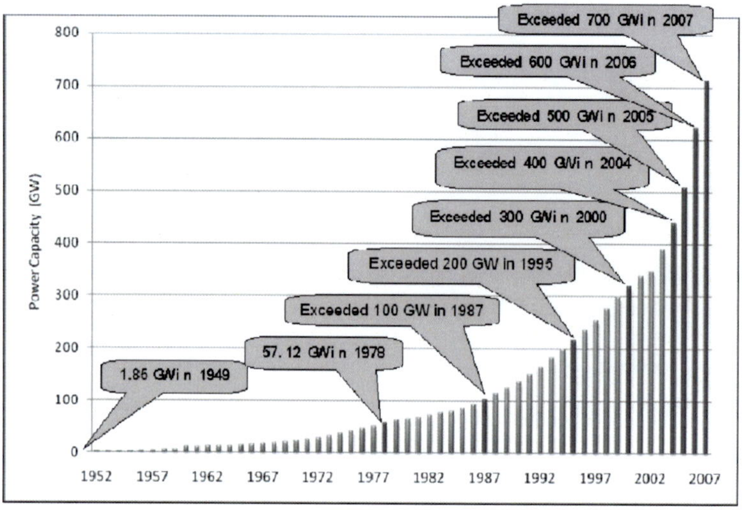

III. CHALLENGES FACING CHINESE ENERGY

1. ENERGY MIX OPTIMIZATION

The first challenge is energy mix optimization.

These two graphs compare China's primary energy mix with the world average.

Figure 26: Comparison of primary energy consumption mix

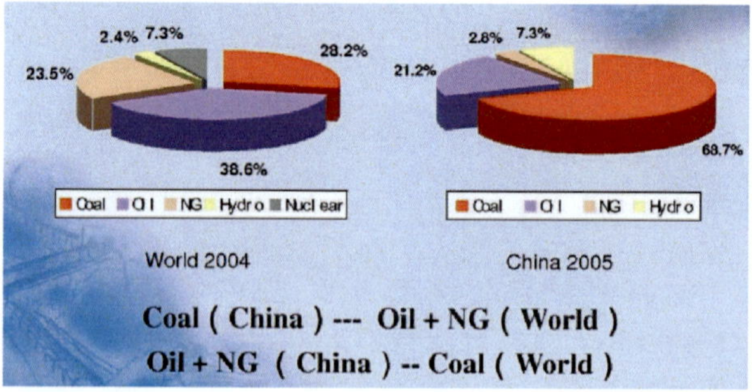

You can see that China's coal share is about 68% while worldwide it is less than 30%. The power mix for coal is 75% of total capacity, whereas the world level is about half.

Figure 27: Comparison of renewable energy power generation potentials and development status in 2005

Hydro power	Wind power	Solar energy	Biomass energy
Hydro power resource	*Wind resource*	*Solar energy resource*	*Biomass energy resources: 500Mtce*
•Total: 400GW with annual output of 1700TWh •Small hydro (50MW and less): 128GW	•Onshore: 250GW •Offshore: 750GW	•Theoretical: 1700 billion tce/a •2/3 land area is over 2200 sunshine hours, 5000MJ/sq.m •PV: 520GW	Crop residues: 150Mtce; Fuel wood, forestry and wood waste: 200Mtce; Factory and livestock waste: 60Mtce; Municipal waste: 15Mtce; Energy crops
Hydro power development	*Wind power development*	*Solar energy development*	*Biomass energy utilization: about 6Mtce*
•Total capacity: 117GW •Small hydro: 43.8GW •Three Gorge (completed in 2009): 18.2GW (26'700MW)	•In grid: 43 wind farms; 1,26GW •Off grid: over 200K units (40MW) with output of 0,04TWh	•PV: 70MW •Solar water heater: 80 million sq.m, about half of the world	•Biogas: 7,5 billion cu.m/a •Biomass power generation: 2GW Bagasse: 1700MW; Rice husk: 60MW; Biogas: 20MW; Municipal waste incineration: 200MW; Municipal waste landfill gas: 20MW •Bio-fuel: 1Mton

However, China has huge renewable energy resources, for example, for hydro total resources are 400GW, and wind power is estimated at about 1000GW. Solar energy is also abundant, especially in the west of China, as well as biomass energy, which represents about 500Mtce available per year. Some renewable energy technologies are already commercialized in China, others are in the R&D process, and some are in the demonstration phase.

Since the power generation cost of renewable energy is still higher than the conventional coal-fired power plant, policies need to encourage the development of renewable energy in China.

2. *ENERGY EFFICIENCY IMPROVEMENT*

The second challenge is energy efficiency improvement.

In the past two decades China has made great efforts to improve energy efficiency, and has made significant progress to date. But compared to developed countries, energy efficiency is still much lower. Specific energy consumption for high-energy intensive products is about 20%-40% greater than that of industrialized countries.

Average energy utilization efficiency is about 10 per cent lower than the world average level.

For general equipment, for example industrial boilers, China's energy efficiency is about 65%, whereas in developed countries, it is about 80 to 85%.

For small-and-medium sized electric motors, China's energy efficiency is about 87%, as against about 92% for developed countries.

In transport also, vehicles efficiency in China is about 25% lower than Europe, 20% lower than Japan and 10% lower than the USA.

In the building sector, energy consumption per floor area for space heating was about two to three times higher. So, energy intensity per GDP in China is about 3 times the world average level and 4 times that of OECD countries.

3. *ENERGY SECURITY ISSUES*

The third challenge is energy security issues.

China has been a net oil importer since 1993. Since then a rapid increase in dependency has been observed, and oil import dependency reached 45% in 2005.

Figure 28: Historical oil import trend (Million b/d)

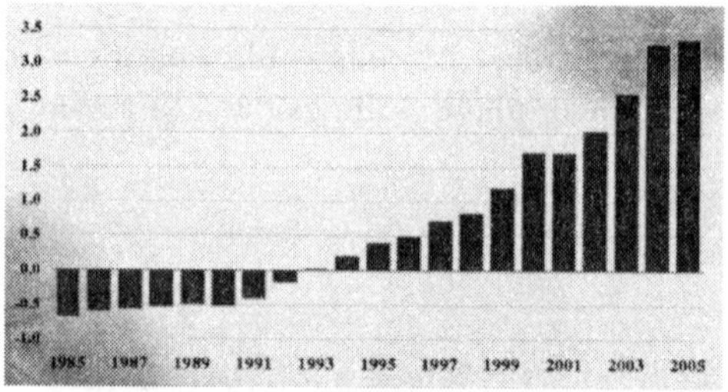

Coal, oil and natural gas reserves per capita in China represent 1/2, 1/10 and 1/20 of the global average respectively. China faces a shortage of oil and natural gas supply in the long term.

Oil will reach peak production around 200Mt in 2020, after which production will decrease. By 2020, China will depend on imports for 60% of its oil and 40% of its natural gas.

Figure 29: Future oil demand and supply gap

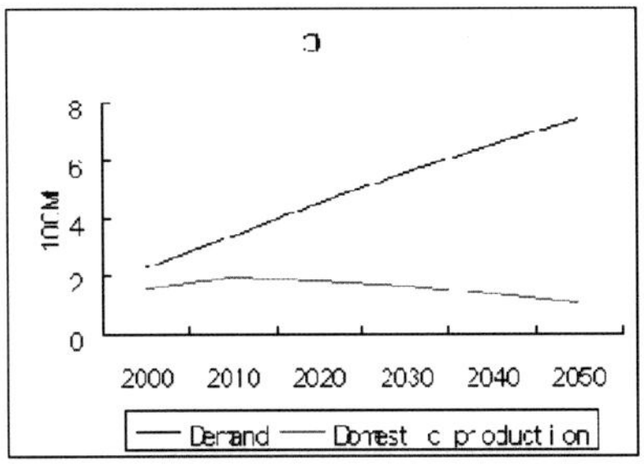

4. LOCAL ENVIRONMENTAL PROTECTION

The fourth challenge is local environment protection.

SO_2 emission increased by 27% between 2000 and 2005. China had emitted 2 500 kilotons of SO_2 in 2005, making it the largest SO_2 emitter in the world.

Coal is a very serious air pollution issue in China. Coal is the culprit of:

- 70% of soot emissions;
- 90% of SO_2 emissions;
- 67% of NOx emissions;
- 70% of CO_2 emissions.

China contained 10 of the world's 20 most polluted cities in 2005. Direct costs amount to 3% of GDP, but WB warns pollution could cost 13% of GDP by 2020. 40% of the land area suffers from acid rain.

5. GLOBAL CLIMATE CHANGE

The final challenge is that of global climate changes.

Although carbon emissions continue to grow, the intensity of carbon emissions is decreasing.

Carbon emissions increased at an annual rate of 5.2% between 1980 (387MtC) and 2005 (1376MtC), while the intensity of carbon emissions decreased at an annual rate of 4.2% during the last two decades (from 2.35KgC/US$ in 1980 to 0.81KgC/US$ in 2005).

Figure 30: China carbon emission and intensity

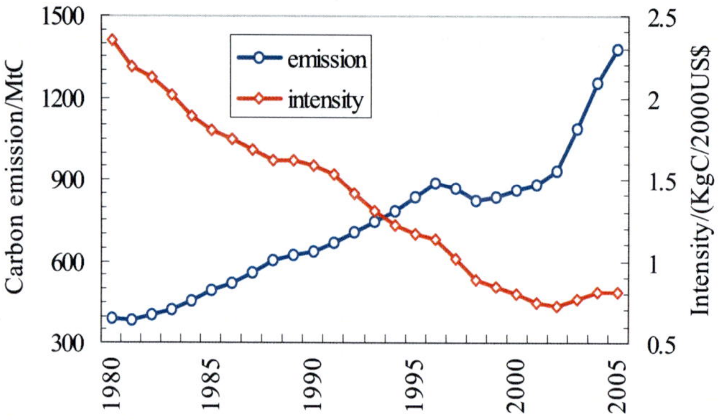

China's population is almost the same as that of the OECD countries. OECD countries share 77% of the world's total GDP while China has only 5%. OECD countries consume 55% of the world's total energy and China only 14%. OECD countries are responsible for half of world carbon emissions, while China is only responsible for 18% of them.

Chinese per capita carbon emissions are at about the same level as the world average (1.01tC/cap and 1.14tC/cap, respectively), but only 40% of that of OECD countries.

IEA projects that China shall overtake the US as the world's biggest CO_2 emitter before 2010, although its per capita emissions shall reach just 60% of those of the OECD in 2030.

As a result, China now faces great pressure from the international community to reduce its carbon emissions.

IV. ENERGY DEVELOPMENT PERSPECTIVE AND POLICIES ADDRESSING ENERGY CHALLENGES

1. NEW AND RENEWABLE ENERGY DEVELOPMENT TARGET

In 2007, the Chinese government announced the launch of a renewable energy development program, as well as an energy efficiency improvement package. The government also announced the Chinese national program on climate change. In 2008, the Chinese government issued the Chinese White Paper on climate change.

From the first document on new and renewable development you can see that, by 2020, total hydropower will reach 300GW and biomass and wind will reach 30GW each. The 2020 nuclear development target is 40GW. The share of renewable energies in primary energy consumption will increase from 7.3% in 2006 to 10% in 2010 and 15% to 2020.

Regarding energy intensive targets, the Chinese government announced a 20% reduction between 2005 and 2010. The government also set some efficiency improvement goals for some high energy-intensive products. For example, for thermal power, coal input will decrease from 377 in 2005 to 320gce/kWh in 2020. In addition, the Chinese government also set the target of a 10% reduction of SO_2 emissions by 2010 compared with 2005.

2. ACHIEVEMENTS IN 2007

Now, let us look at our achievements in 2007.

By the end of 2007, hydro power reached 145GW, an increase of 28GW compared to 2005. Wind powered reached 6GW with an increase of 4.8GW over two years. Nuclear power increased by 2.2GW over two years to reach 9GW in 2007 and biomass power generation represented 3GW, 1GW more than 2005 and solar heater 110 million sq.m (30 million sq.m more than 2005).

There were also efficiency improvements in 2006 and 2007. We had a 1.79% reduction in energy intensity per GDP in 2006 and a 3.66% reduction in 2007. This reduction has not only contributed to the development and application of advanced technology but also, very importantly, the Chinese government has tried to accelerate the pace of eliminating backward production capacity.

For example, in 2007, in just one year, 14.38GW of small thermal power units were closed down (reduction of 37.6 million tons of CO_2), 46 million tons of iron-smelting capacity were halted, as well as 37 million tons of steel making capacity. 52 million tons of cement production capacity were also phased out.

3. POLICIES ADRESSING ENERGY CHALLENGES

China's policies for the future include adjusting energy-economic structures promoting energy conservation and energy efficiency improvement, and promoting the development of new and renewable energy sources.

- Economic structure adjustment:
    - Limiting the growth of high energy-intensive industries;
    - Promoting the development of service and high technology sectors;
    - Upgrading products aiming at high added value.
- Perfecting market pricing and taxation mechanism incentives to save energy and improve efficiency;
- Drawing up an energy law and upgrading the energy saving law;
- Accelerating the wide application of new energy technologies by means of finance, taxation, etc.
- Establishing an oil emergency reservation system;
- Encouraging enterprises to become important forces in technological innovation;
- Enhancing the technical transfer of new energy technologies;
- Promoting the establishment and protection of intellectual property.

V. LONG-TERM ENERGY DEVELOPMENT AND CARBON SCENARIO

For the long-term energy development and carbon scenario, we tried to integrate all of these policies into our development scenario. The results from 2005 to 2050 indicate that the coal share will decrease from its current 68% to about 40% by 2050, while new and renewable energies will increase from their current level of less than 10% to about 30% of total primary energy consumption by 2050.

Figure 31: Reference scenario (1)

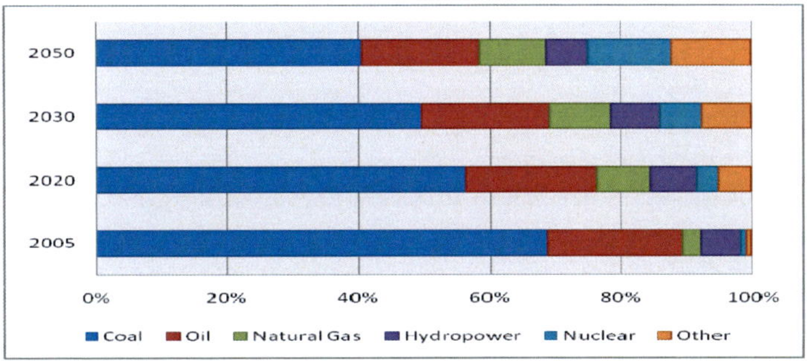

Below are the reference scenario indicators for energy consumption and carbon emissions.

Figure 32: Reference scenario (2)

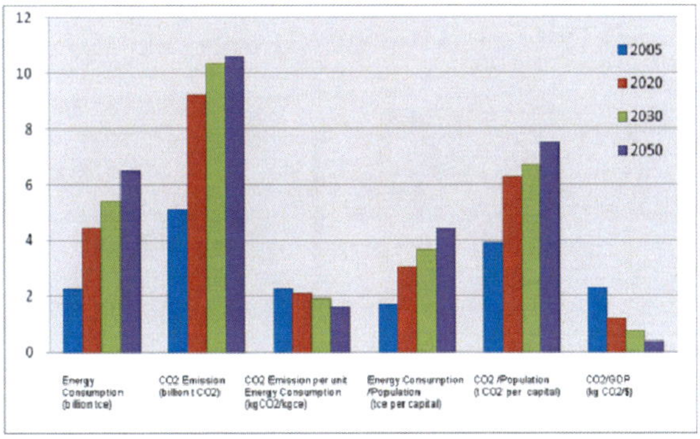

Energy consumption continues to grow but the pace of increases in carbon emission slows down considerably.

Figure 33: Comparison of carbon emission per capita

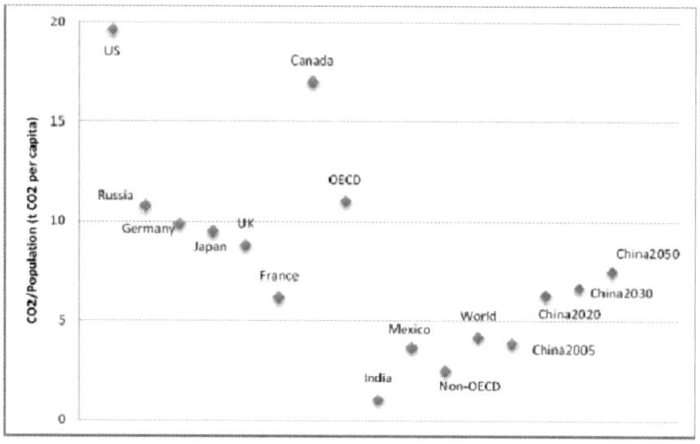

This is a per capita comparison of different countries for 2005 and also provides a comparison indicator for China's future.

We can see that even if China's future growth is very fast, by 2050 per capita carbon emission levels will still be lower than current OECD levels.

And this is our view on future carbon emission allocations. The Global Commons Institute (GCI) proposed one convergence approach; that is, that the OECD and Annex 1 decrease their per capita carbon emissions, while non-OECD countries gradually increase their carbon emissions so that by 2100, their emissions per capita would be equal.

Figure 34: Two-convergence approach

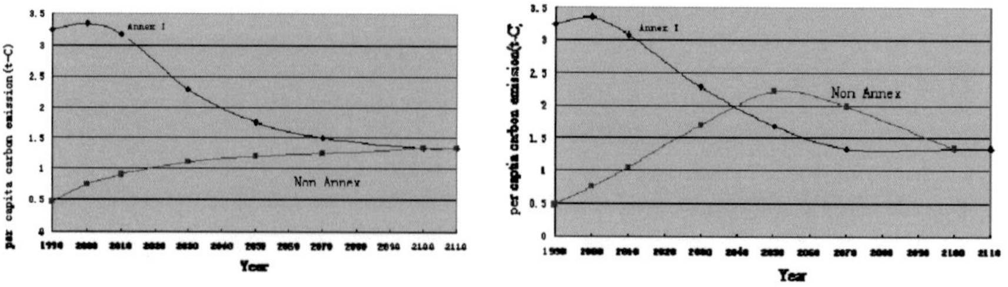

But to be fair, we think that one convergence is not enough. We have to consider another convergence, which is that cumulative per capita carbon emissions for each country from 1990 (when global climate change emerged as a very important issue) to 2100 would be equal.

VI. CONCLUDING REMARKS

As a developing country with a coal-dominated energy mix, China faces serious challenges in the face of climate change, along with the acceleration of urbanization and industrialization.

China has made great efforts and will continue to contribute to mitigate carbon emissions within the framework of sustainable development.

Developing countries need space in carbon emission growth to further develop their economy and improve their living standards.

Finally, financial support and technology transfer from developed to developing countries should be encouraged to allow developing countries to make greater contributions to mitigate GHG emissions.

DISCUSSION

From the floor

You mentioned 40GW for nuclear power in 2020. I read very recently that, China's latest plan was to increase this figure quite substantially. Do you have another figure in mind, or not yet?

CHEN Wenying

The goal for nuclear, set in the Nuclear Medium- to Long-term Development Plan, is 40GW by 2020. Nuclear growth has been much faster (6.8GW in 2005 and 9GW in 2007). It is estimated that by 2020 nuclear power might reach 75GW.

From the floor

You said that we must plan for financial support and create a program for technology transfer, yet when one looks at the new coal units that have been invested in China, all of them are recent technologies, so this technology transfer is already ongoing.

CHEN Wenying

In China, the newly installed capacity I mentioned is mainly super critical and ultra super critical. But why has China had such a rapid increase in these technologies? The reason is the localization of these technologies. Thus investment costs decrease fast. For Europe, the cost for super critical is about EUR1 000 per kilowatt. In China, it is now only CNY4 000, which is about EUR400 per kW. But China needs IGCC, CCS technologies and biomass power generation, etc. For all these technologies, now, there are still high-investment costs in China. They need technology transfer. For example, for wind, the main key technology for large wind power is still owned by developed countries. Chinese wind power is growing quickly but it is still a small unit.

From the floor

No Western countries own any CCS technologies. They are being developed. They are not mature yet, and they are maturing in your country as fast as they are in the West.

CHEN Wenying

CCS technologies are new both for western countries and others. But western countries have done much more work on CCS-related R&D. China has started the research on CCS but we are looking forward to more international cooperation on CCS.

From the floor

There is a big debate now on the reversal of the GDP elasticity of energy. It was 0.5 in the nineties and it has reached as high as 1.54 during the eight past years, so there has been this big inversion from an energy intensity decrease in the nineties to a new coupling of energy and GDP in recent years. In many scenarios, modelers think that GDP elasticity will go back to less than one. Do you think, therefore, that the Chinese government's policies will be able to get this elasticity back to 0.5, or will the current elasticity remain quite stable in the future because of industrialization, housing, car ownership, etc.?

CHEN Wenying

Let me show you these two numbers again. Yes, energy intensity increases in 2005. You can see, however, from looking at 2006 that there was a reduction of 1.8% and almost 4% in 2007. And you can look at this change, and you can imagine the future decrease.

From the floor

Coming back to your last concluding remarks, this is one of the challenges facing all of our communities, as well as people working on technologies and intellectual property, because the sentence ("financial support and technology transfer") posed no problems back in the nineties.

In those days, there were rich countries and poor countries. There was an opportunity for transfer between the rich and the poor, but at the time we were not wise enough to do it. But now, if you look at the current situation, the main sources of sales in the world are China and oil producers. The capital flows go from China to the US, added to the contribution of India and the rest of the world, so the problem is that we can never say financial support in the sense of conventional aid. We have to find other ways. I agree we have this problem of financial something, but not in terms of transfers, because obviously this would be totally unacceptable to any country in the world. That is the current situation, because now you are rich and we are poor.

CHEN Wenying

Actually, this is very important. This is a big discussion issue in the UNFCC framework: financial support and technology transfer from developed countries to developing countries. Developed countries are concerned with why developing countries have not committed to carbon emissions reduction, and developing countries are concerned with why you do not provide financial support and technology transfer to developing countries, and these issues are already defined in the UNFCC framework.

EU 20-20 POLICY IMPLICATIONS ON THE ENERGY SYSTEM OF GERMANY – AN ANALYSIS WITH TIMES PANEU

Markus BLESL

Institute of Energy Economics and the Rationale Use of Energy

IER - Stuttgart University, Germany

I. OVERVIEW

1. CURRENT POLICY IN GERMANY – THE GOVERNMENT'S INTEGRATED ENERGY AND CLIMATE PROGRAM

Germany's current energy and climate policy is comparable to the policies of other European Union member states. Like in other countries, there is an additional target on top of the European 20-20 goals. This target is based on the German government's *Integrated Energy and Climate Program* and includes the goal of a 30% reduction in greenhouse gas emissions by 2020 compared to 1990. The general considerations are technology orientated with different targets for different technologies.

Key factors for reaching the 30% reduction

- Doubling the share of electricity generation from combined heat and power plants (CHP) in total electricity generation to 25% by the year 2020;

- Increasing the share of renewable energy in total electricity generation to 25-30% by 2020, and a continued increase in the future;
- Increasing the share of renewable energy related to heat production to 14% by 2020;
- A minimum addition of 10% of bio gas in the natural gas grid by 2030;
- Increasing the share of bio fuels up to 2020 to approximately 20 volume per cent (corresponding to 17% energetic);
- Stricter standards in the building sector (30% improvement in 2009 and a comparable reduction after 2012).

2. *THE GERMAN TARGETS*

In comparison, European Union total greenhouse gas emission targets are -11% in 2020 compared to 2005. Other figures (see figure 35) are well known.

In Germany, there is no overall target (nor is there an ETS [emission trading scheme] target), but, as a result of European Commission decisions, a country-specific target exists for the Non-ETS sector, which means there is a target for the residential, commercial, transport sector.

A portion of industry (not included in the ETS sector) is affected by this quota of -14%. There are also targets for renewable energy, concerning total use and bio fuels.

Figure 35: The German targets

		European Union		Germany	
		2005	2010	2005	2010
GHG	Total	-11%		?	
	ETS	-21%			
	Non-ETS	-10%		-14%	
Renewable Energy	Total	8.5%	20%	6%	18%
	Bio fuels	1%	10%	3.8%	10%
Energy consumption		-20% (related to the baseline)			

The German additional targets include the increased use of bio fuels or renewables to 30% and 14% respectively in electricity generation for heat. Additional targets also exist related to energy consumption to reduce energy intensity by 3% per year.

II. THE TIMES PAN-EUROPEAN MODEL (TIMES PAN-EU)

1. MODEL DESCRIPTION

These targets were analyzed using a TIMES model (The Integrated MARKAL/EFOM System). More precisely, the Pan-European model (Times PanEU) was used. In this model, the entire energy system is modeled, and makes Germany one of the countries integrated into this European Energy System. The model can briefly be described as follows:

- TIMES PanEU is a 30-region (EU 27 + NO, CH, IS), partial equilibrium, technology-oriented bottom-up energy system model;
- Time horizon: 2000-2050;
- 12 time slices (4 seasonal, 3 day level);
- GHG: CO_2, CH_4, N_2O, SF_6;
- Others pollutants: SO_2, NOx, CO, NMVOC, PM2.5, PM10;
- The database integrates results of LCI and specific damages with the aim of integrating the treatment of Externalities in the optimization procedure.

2. SCENARIO DEFINITION

The basis of this analysis is a reference case. This reference case, unlike other analyses and EU countries includes no emission reduction measures. The decision to phase out nuclear power which has been made in some countries like Germany, is taken into consideration in the model. Furthermore, as a basic assumption a minimum use of renewable energies is displayed in the model.

In addition to this business-as-usual scenario, separate climate policy scenarios are run. These climate policy scenarios aim to fulfill the reduction target by 2050 (-71%) and the renewable (20%) target by 2020.

Figure 36: Scenario definition

Scenario name	Characteristics
REF	• No emission reduction measures • Nuclear phase-out according policy of respective EU countries • Minimum renewable energy use according national targets
Climate policy	• EU GHG emission reduction -71% by 2050 • Minimum 20% renewable energy at FEC in 2020
CP Current EU **P**olicy	• 21% GHG emission reduction ETS sector compared to 2005 • EC national GHG emission reduction targets for non-ETS sector • Nuclear phase-out according policy of respective EU countries
EN **E**TS and **N**on-ETS Overall Cap	• 21% GHG emission reduction ETS sector compared to 2005 • 10% GHG reduction non-ETS sector EU-27 wide compared to 2005 • Nuclear phase-out according policy of respective EU countries
TR Emission **Tr**ading	• Cost optimal burden sharing • Nuclear phase-out according policy of respective EU countries
LC **L**east **C**ost	• Cost optimal burden sharing • Additional use of nuclear (new plants, prolongation of existing plants)
ES **E**nergy Supply **S**ecurity	• Cost optimal burden sharing • Nuclear phase-out according policy of respective EU countries • Reduction of the net import dependency of oil (-30%) and natural gas (-40%) by 2050 compared to 2010

CP scenario (Current EU **P**olicy)

Nearly all policies, currently available for Germany and the European countries are implemented. This means that the target of –21% GHG emission reductions for the ETS sector in 2020 compared to 2005 is used in this scenario.

EN scenario (**E**TS and **N**on-ETS overall cap)

The EN scenario works on the basis of a -21% GHG emission reduction for the ETS-sector (2005-2020), like the CP scenario. In addition, there is an overall cap for the Non-ETS sector of -10% for the whole of the EU-27. This displays European-wide trading of Non-ETS emission reduction certificates. Nuclear phasing-out, based on the policies of the respective EU countries, is also taken into consideration (as for the other scenarios, except LC, which includes the possibility of additional nuclear energy usage).

TR scenario (Emission **Tr**ading)

In the TR scenario, only an overall GHG reduction of -71% in the EU-27 by 2050 (compared to the Kyoto 1990 base year) is used. By leaving out other restrictions (except the minimum goal of 20% of renewable energy in Final Energy Consumption (FEC) by 2020, which is used in all scenarios), the outcome of the TR scenarios shows a cost optimal burden sharing of the European overall GHG reduction target, not just between ETS and non-ETS sector, but overall. This implements a trading of emission reduction certificates over all sectors without any limitation. No technology restrictions are set in this scenario.

LC scenario (**L**east **C**ost)

The LC-runs represent a least cost scenario, wherein as well as cost optimal burden-sharing, all technologies are allowed. This means that the phasing-out of nuclear power is no longer retained, possibly resulting in more flexible decision-making and a greater degree of freedom in reducing GHG emissions.

ES scenario (**E**nergy Supply **S**ecurity)

This scenario represents a secure supply run. The security of energy supply is a frequently discussed issue; it is modeled here by a reduction of the net import dependency of oil and gas.

III. SCENARIO ANALYSES

1. COST OPTIMAL BURDEN-SHARING OF 20% EC 2020 TARGET

As can be seen in the next figure (comparison of the TR scenario, which contains cost-efficient burden sharing and the targets proposed by the EC), Eastern European countries (Czech Republic, Hungary, Poland, Romania, Slovak Republic) tend to reduce more than required. Due to lower CO_2-avoidence costs in New Member States (NMS) and less strict targets in this NMS, the EU-15 countries reduce less than required (except Spain because of a broad EU-target). The biggest differences where the target is stricter than the optimal burden sharing can be observed in Belgium, Germany, France, Ireland, and Sweden).

For Belgium (TIMES to EC proposal: +9%), there is a reduction in emissions in the conversion/production and industry sectors, while emissions in the transport sector are clearly increasing. For France (TIMES to EC proposal: +15%), there is a slight total optimal reduction (-2%) because of reductions in conversion/production, even though emissions in the transport sector are rising. In Germany, cost effective reduction would lead to a diminution of -23% compared to the -33% proposed.

Figure 37: Cost optimal burden sharing of 20% EC 2020 target

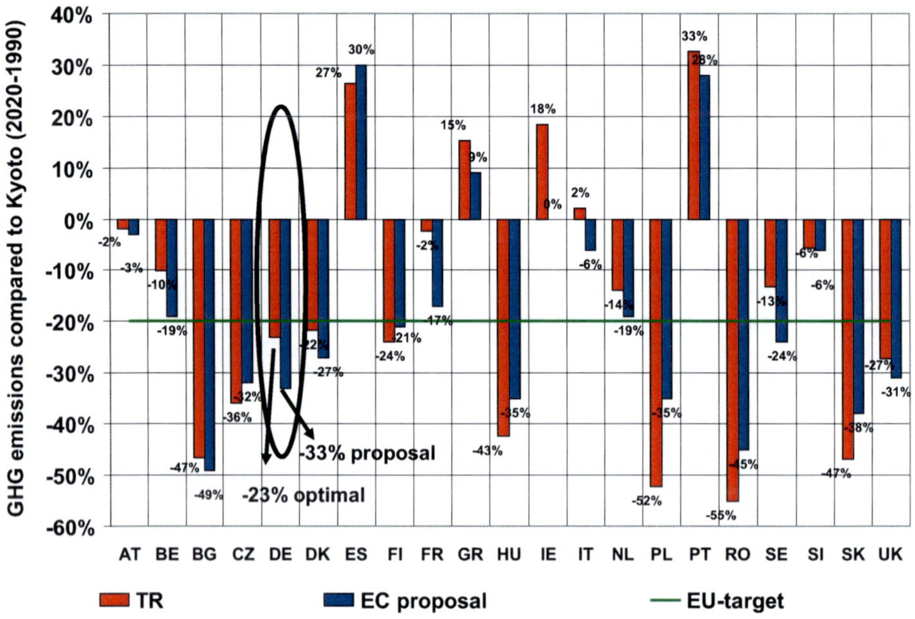

2. *EU-27 CARBON EMISSIONS VERSUS GERMAN CARBONE EMISSIONS*

The next figure shows a reduction of approximately 1000 Mt. of CO_2 emissions in climate change scenarios compared to a reference case in the EU-27 up to 2020.

When observing the European 27 and taking a look at the emission reductions respectively, we can see that the greatest reduction occurs in the conversion/production sector. This means that when analyzing the European Union, there should be a clear focus on this sector.

Taking a closer look at Germany, there is only a slight gap in the conversion sector. This is based on the structure of the electricity market in Germany. At the moment, one-third of electricity production comes from nuclear sources. In 2020, this will be reduced to 5%. The missing amount might be covered by renewable energy sources and thereby CO_2-free generated electricity, as well as by fossil fuels. Therefore, there are limited options and less flexibility in the German conversion sector to reduce the GHG emissions. At least the reduction costs are relatively high compared to other sectors and compared to the conversion/production sector in other countries without nuclear phase out.

Figure 38: Carbon emissions of EU-27 and Germany

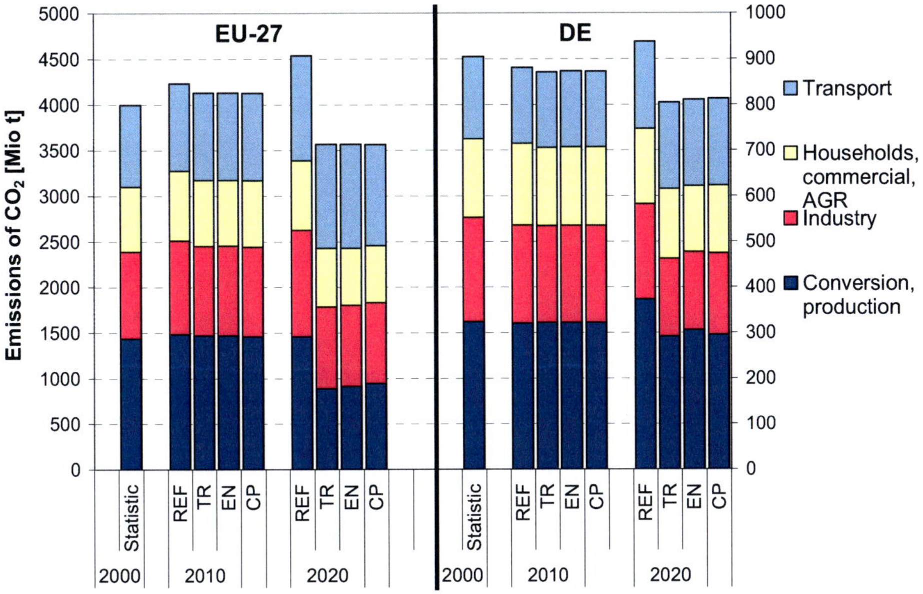

On the other side, it could also be observed that there are much greater reductions in the industry sector than there are in the European Union, and approximately the same, or a little higher in the household and commercial sectors.

3. *CO_2 PRICES AND CO2 COSTS IN 2020*

In a climate change scenario (with a 450ppm-goal which corresponds to a reduction of -71%) without specific ETS or Non-ETS reduction goals (here the scenario TR), the CO_2 price is 34.4 EUR/t in general in 2020.

Taking additional constraints into account, the CO_2 price in the EN scenario with overall ETS target (-21%) and general Non-ETS (-10%) is 32.8 EUR/t in the ETS sector and 47.2 EUR/t in the Non-ETS sector.

Due to strict Non-ETS targets, the ETS sector has to go below cost effective levels (it would be more effective to reduce more in the ETS sector). This leads to lower CO_2 prices in ETS compared to a simple 450ppm scenario (TR). Each additional constraint leads to a total higher price compared to the TR scenario with a cost effective allocation due to less flexibility in ways of reducing GHG emissions.

Because the Non-ETS goal is stricter than in an optimal burden sharing, the costs in the Non-ETS sector are clearly higher than in ETS or than in TR results.

Figure 39: CO_2 prices and CO_2 costs in 2020

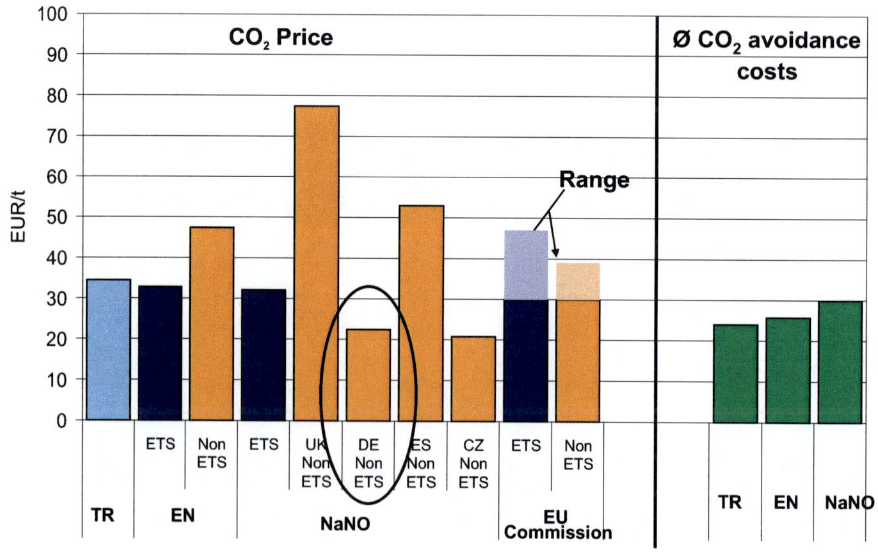

In the case of national, country-specific Non-ETS targets (NaNO scenario with National Non-ETS objectives; -14% for Germany), Non-ETS goals are even stricter (again less flexibility in a country-specific cap, which differs from the optimal sharing when compared to an overall Non-ETS cap) and the ETS price goes down to 32.1 EUR/t. In the Non-ETS sector the prices differ between countries and are in a range of 20 EUR/t (Czech Republic) to 80 EUR/t (United Kingdom). The average CO_2 avoidance costs increase as a result of reduced flexibility from 24.0 EUR/t (TR) and 25.7 EUR/t (EN) to 29.9 EUR/t (NaNO).

4. *PRIMARY ENERGY CONSUMPTION OF GERMANY IN 2020*

Focusing on 2020, there is a significant difference in primary energy consumption between the different scenarios. All scenarios with climate policies show a higher share of renewable energy sources. Coal is more or less similar, as is gas. This will, however, depend on the energy security supply strategy, which means that under these conditions it is clear that the dependency on imports of oil and gas will be reduced and therefore a reduction of the use of gas and oil can be observed in the scenario ES.

Figure 40: Primary energy consumption Germany in 2020

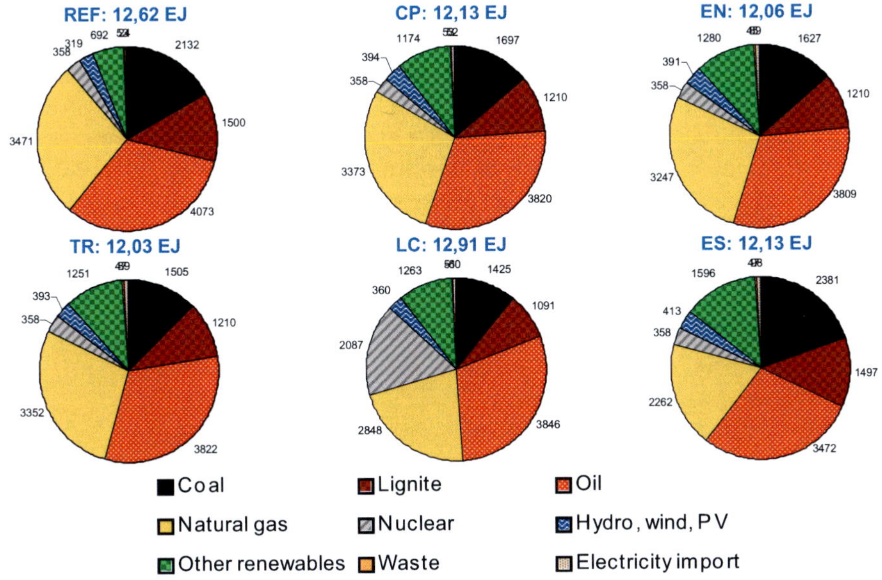

One element of the least cost scenario is nuclear power, which changes the total primary energy consumption to a clearly higher share of nuclear energy in the LC scenario compared to all other scenarios that include the current German phase out strategy.

5. GERMANY'S IMPORT DEPENDENCY

The next issue is the influence of import dependency. One scenario therefore focuses on this topic (ES scenario).

In the ES scenario, in addition to the restriction of GHG emissions, imports of natural gas and petroleum products are limited to strengthen EU-27/German energy independence and thereby increase supply security.

Net imports of natural gas until 2050 are reduced by 40% based on net imports in 2010. Imports of crude oil and petroleum products are reduced by 30%.

The following figure shows the dependency on different energy commodities in the different scenarios (CP, EN, TR in the left-hand figure and LC, ES in the right-hand one). In particular, the value of total import dependency when all energy carriers are taken into account is lower in the ES scenario (see at the right-hand figure).

A reduction in net oil and gas import leads to a clear shift in primary energy consumption (see figures above) with a higher share of coal (both hard coal and lignite) and a reduced share of natural gas and petroleum products. In all scenarios beginning in 2020, hard coal, oil and gas are all wholly imported in Germany, which is why import dependency rises to 100%.

Due to a different portfolio in primary energy consumption (with less oil and gas in ES), total import dependency is lower in the ES scenario (see also results of the previous section).

Figure 41: Germany's import dependency

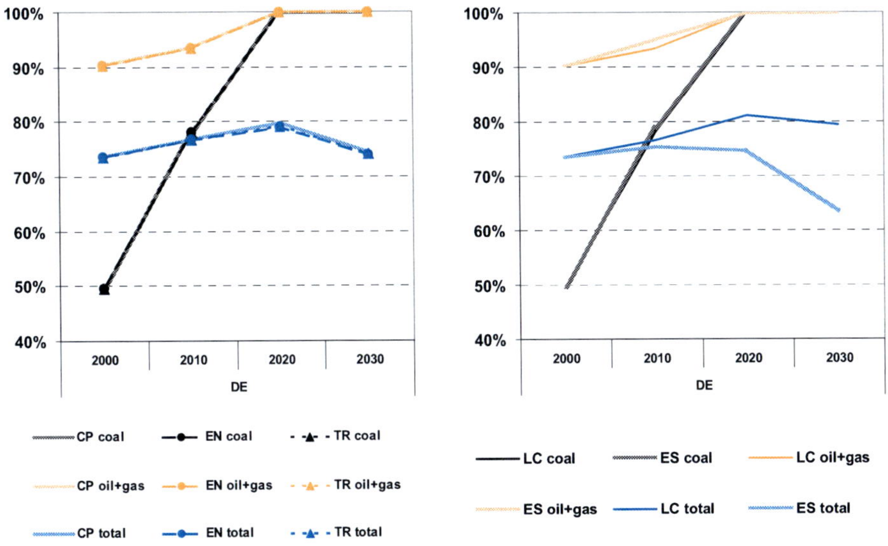

6. *NET ELECTRICITY GENERATION IN GERMANY IN 2020*

Concerning net electricity generation in Germany, it is clear that if nuclear energy is an option (LC scenario), Germany will no longer import electricity.

Beyond the scale, we would be able to see total electricity generation and the level of electricity imports or exports. Except for the LC (least cost) scenario, Germany imports electricity.

France is one of the main exporters of electricity to Germany and so this import from France is an additional option for Germany to reduce greenhouse gas emissions due to the low specific emissions of French electricity. If additional nuclear possibilities were to go ahead in Germany, there would be initial opportunities to export, and in this case, Germany would join France, Italy and the southern areas of Europe in providing CO_2-free electricity to fulfill their climate goals.

Figure 42: Net electricity generation in Germany in 2020

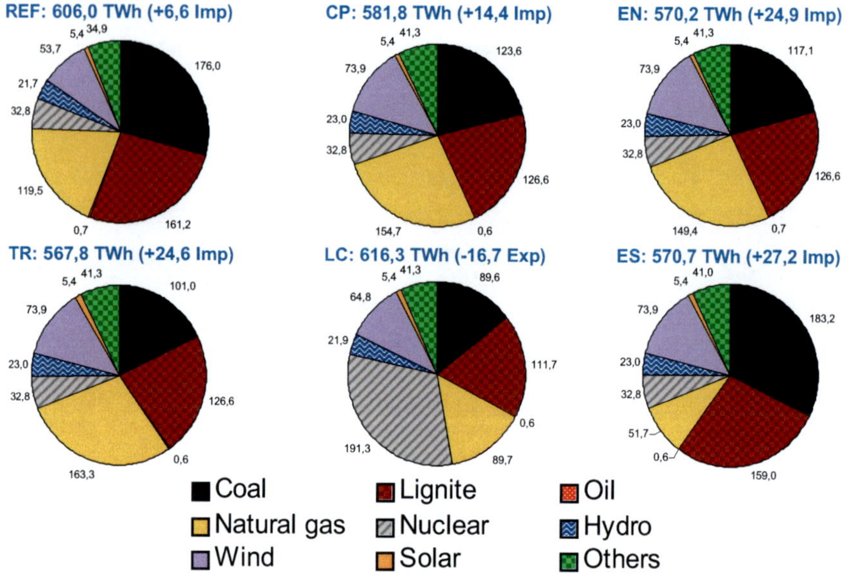

IV. GERMANY'S CONTRIBUTION TO THE EU 2020 TARGET

The following table sums up the different targets for Europe and Germany respectively and shows the results of the different scenarios.

As can be seen, none of the scenarios matches its targets (the main goal of -30% GHG reduction by 2020 compared to the Kyoto Basis is not fulfilled by any of the scenarios).

The second point, which is often not taken into account, is that these policies and decisions must be paid for. The last row shows the different costs for Germany in executing these policies by 2020 (cumulated discounted System costs by 2020).

This means that more than EUR11 billion would have to be spent on additional energy system adjustments in the second policy. This is, more or less, the total amount that the European Union has paid.

Figure 43: Germany's contribution to the EU 2020 target

2020 **Key figures**		DE CP	EN	TR	LC	ES
GHG reduction rel. Kyoto - Basis (DE: 30%)	[%]	23	25	25	28	23
CO_2-reduction rel. 2005 - Total (without International Aviation)	[%]	11.7	13.4	13.9	17.8	11.6
- ETS	[%]	10.5	10.9	13.1	20.2	2.9
- Non-ETS	[%]	14	16.8	15.1	14.5	23.5
Share of renewable energy of Final energy consumtion (DE: 18%)	[%]	16	17	17	17	21
Share of renewable energy of Total electricity generation (DE: 30%)	[%]	25	25	25	22	25
Energy efficiency improvement gg. 2006 (DE: 3%/a)	[%]	-2.8	-2.85	-2.86	-2.37	-2.81
Share of CHP of the total electricity generation (DE: 25%)	[%]	25	28	25	19	15
Cumulative discounted System cost by 2020 (rel. REF)	[Bio.€]	11.7	12.8	12	-1.5	37.8

The results will be different if nuclear power plants are allowed to function for a longer period, since the phasing-out of nuclear power is currently planned. It is only the prolonged use of nuclear power plants that could generate the additional finances to help meet greenhouse gas emission targets. The long-term view (not included explicitly in this analysis) shows that the price difference is two to three times greater with a focus on 2030. The results of the security of supply scenario (ES) show, that a restriction in oil and gas imports mainly leads to a reduction in the Non-ETS sector. The reason can be found mainly in the transport sector (biggest consumer of petroleum products) as well as the building sector.

However, the message behind this is that is important to think today about the best policy for tomorrow. If we start with the wrong policy now, it will have far-reaching effects on the future.

DISCUSSION

From the floor

Do you consider CCS in your co-European objective, because you are looking at the long-term trend, and if so, at what cost have you considered it?

Markus BLESL

We do take CCS into account. I focused on 2020. In Germany at the moment, some of the big utilities are starting to use demonstration projects in CCS, and our assumption is that, by 2020 CCS will be available, but that it will not play a big role. In the future, I think the climate targets will only be achievable if CCS is available, and the costs of CCS depend on the kind of storage you are using and the transport costs. We are taking into account a range of EUR6 per ton of CO_2 up to EUR90 per ton, depending on the potentially different steps assumed, and on how long it takes to build up the infrastructure to get rid of the CO_2.

From the floor

In your energy security scenario, you have a 23.5% reduction of greenhouse gases for non-ETS in Germany. This is a huge gap, more than 10 points. This is the value for the normal citizen, presumably, because it is non-ETS. What does this mean? Does it mean that the energy security scenario is not possible, or does it mean that you need nuclear to achieve the result?

Markus BLESL

In general, all of these different scenarios are possible and feasible and it means that it is necessary to activate additional cost saving measures to achieve this target. In general, however, there are additional options or possibilities in the building sector and industry, but this is not a normal choice. It is only because of gas restrictions that there is such a gap in 2020.

TABLES DES FIGURES ET DES MATIERES

TABLE DES FIGURES

TABLE DES MATIERES

Chaire Modélisation prospective au service du développement durable

Coordonnées des responsables de la Chaire Modélisation prospective

---

Nadia MAÏZI, directrice du CMA

Centre de mathématiques appliqués (CMA), MINES ParisTech

nadia.maizi@mines-paristech.fr

Tel : +33(0)4 97 15 70 79

Fax : +30(0)4 97 15 70 66

MINES ParisTech

Rue Claude Daunesse – BP 207

06904 Sophia Antipolis

Jean-Charles HOURCADE, directeur du CIRED

Centre international de recherche sur l'environnement et le développement durable (CIRED), laboratoire commun à Ecole des Ponts ParisTech, AgroParisTech, CNRS et EHESS

hourcade@centre-cired.fr

Tel : +33(0)1 43 94 73 63

Fax : +30(0)1 43 94 73 70

Campus du Jardin Tropical

45 avenue de la Belle Gabrielle

97736 Nogent-sur-Marne cedex

Chaire Modélisation prospective au service du développement durable

Site Web: http://www.modelisation-prospective.org

E-mail: contact@mail.modelisation-prospective.org

Achevé d'imprimer par TREFLE COMMUNICATION
50, RUE SAINT SABIN – 75011 PARIS
en septembre 2009
dépôt légal : septembre 2009
N° D'IMPRESSION : 7366

Imprimé en France